CPEC
国家级实验教学示范中心联席会
计算机学科组规划教材

C程序设计
项目化教程与实践

王学梅 任焕海 张建新 编著

清华大学出版社
北京

内 容 简 介

本书采用项目化方式组织内容，从项目实现角度讲述各个知识点，并将内容分解为8个项目，按照“任务说明—知识点巩固—任务实现—课后实验”的思路进行设计。本书采用的课堂案例简单易懂，方便学生快速入门，在每个项目后设置了相应的实验，并在本书的电子资源中展示了书中使用的“学生选课系统”项目的完整代码，用于学生巩固课堂知识，同时为C程序的课程设计及实践类课程提供资源。为了更好地让学生体会C语言在实际中的应用，电子资源中还附加了C语言在单片机中的应用，以增强学生的应用能力。

本书案例丰富，通俗易懂，适合初学者学习，可作为高等学校各专业的C语言基础教程，也可作为自学C语言的参考用书。

图书在版编目(CIP)数据

C程序设计项目化教程与实践 / 王学梅，任焕海，张建新编著. -- 北京 ：清华大学出版社，2024. 7.
(国家级实验教学示范中心联席会计算机学科组规划教材).
ISBN 978-7-302-66685-1

Ⅰ. TP312.8

中国国家版本馆CIP数据核字第2024LS8076号

责任编辑：黄　芝　李　燕
封面设计：刘　键
责任校对：郝美丽
责任印制：刘　菲

出版发行：清华大学出版社
　　网　　址：https://www.tup.com.cn，https://www.wqxuetang.com
　　地　　址：北京清华大学学研大厦A座　　**邮　　编**：100084
　　社 总 机：010-83470000　　**邮　　购**：010-62786544
　　投稿与读者服务：010-62776969，c-service@tup.tsinghua.edu.cn
　　质量反馈：010-62772015，zhiliang@tup.tsinghua.edu.cn
　　课件下载：https://www.tup.com.cn，010-83470236
印 装 者：河北鹏润印刷有限公司
经　　销：全国新华书店
开　　本：185mm×260mm　　**印　　张**：11　　**字　　数**：271千字
版　　次：2024年8月第1版　　**印　　次**：2024年8月第1次印刷
印　　数：1～1500
定　　价：39.80元

产品编号：093639-01

前　言

首先，对所有阅读本书的读者表示衷心的感谢，相信本书中的C语言基础知识，可以帮助读者度过一个富有挑战的编程之旅。

本书的设计理念是通过项目式的学习方法，将理论知识与实际应用相结合。本书选择贴近学生实际的"学生选课系统"项目作为课程完成目标，结合项目功能将项目细分成多个子项目，依托多个项目的功能实现，完成相应知识点的学习。"学生选课系统"包括学生、教师和管理员3个角色，主要对学生、教师、课程及选课等方面进行管理。学生可根据本人学号和密码登录系统，可以使用查询课程、选课等功能；教师则可查看目前授课选课的信息及成绩的录入；管理员可以对学生、教师、课程基本信息进行管理。C语言模拟实现了系统的主要功能，利用控制台命令的形式展示系统功能，既可以帮助学生理解系统的实现流程，又可以将学习的知识应用于实践，满足了应用型人才培养的需求。

本书结合"学生选课系统"项目分解了相应的知识点，共分8个子项目：其中项目1～3是基础篇，由任焕海老师编写，主要介绍C语言的基本组成及程序的控制结构，实现了系统功能中的基本输入和输出；项目4和项目5为综合篇，由王学梅老师编写，主要依托系统中基本信息的存储及模块化设计相关的内容，学习C语言的数组结构、结构体类型应用及函数的应用等方面的知识；项目6～8为提升篇，由王学梅老师和张建新老师共同编写，主要通过系统中信息的更新(修改、删除等)、信息的外部文件存储等操作，学习指针、文件等相关内容。同时每个项目中提供了大量的课堂案例，部分项目还提供了一定的课后实验训练，辅助学生巩固知识，提升技能。在电子资源中提供了本书的项目源码，辅助师生作为课程实践内容进行训练，并提供了C语言在嵌入式开发中的应用案例——单片机实验中实现LED灯的闪烁，帮助学生理解C语言在单片机开发中的应用，提升学习的深度。

总之，本书从简单的程序编写开始，引导学生逐步迈向更复杂和实用的项目，能够让学生在解决实际问题的过程中不断提升编程能力。同时，本书提供了相应的电子教案和PPT课件，并附有相关的视频讲解资源，为广大师生提供了充分的教学资源，帮助学生更好地理解和运用所学知识。

另外，胡振辽、于长虹、孙德刚等多名老师也参与了本书资源的整理以及修订工作，提供了大量帮助。

由于编者水平有限，书中难免会有不足及疏漏之处，希望广大读者批评指正。

编　者

2024年4月

目 录

下载源码

项目 1　“学生选课系统”首界面设计

学习目标

1. 掌握数据的输入与输出相关知识。
2. 掌握 printf()与 scanf()函数的应用。
3. 掌握 C 语言的基本组成要素、常量、变量等相关知识。
4. 掌握搭建、调试 C 程序的基本流程。

项目描述及内容分析

为了帮助学生掌握 C 语言的基础知识，深刻理解 C 语言的各知识点在实际中的应用，本书以贴近学生实际的“学生选课系统”项目作为课程目标，结合项目功能细分成多个子项目，依托多个项目，完成相应知识点的学习。

“学生选课系统”包括学生、教师和管理员三个角色，主要对学生、教师、课程及选课等方面进行管理。学生可根据本人学号和密码登录系统，可以查询课程、选课等基本情况，还可以进行本人学科成绩情况的查询；教师对学生选课情况、成绩情况进行操作，以便学生查看课程成绩；选课管理员的功能最为复杂，包括对学生、教师、选课进行管理和统计及系统状态的查看、维护，可以浏览、查询、修改、统计选课的基本信息，并能添加、删除和修改学生的信息。

本项目为“学生选课系统”的第一个子项目，主要用于展示项目的主功能界面。

通过该项目的设计，学生能了解“学生选课系统”的主要功能模块及系统的主功能首页设计的基本思路，掌握 C 程序的基本组成及执行过程。

任务说明

完成“学生选课系统”的主功能界面，通过该界面确定下一步要执行的操作。运行效果如下：

```
============================================================
============================================================
**********************        欢迎使用学生选课系统        ****************
============================================================
============================================================
请按任意键继续...
```

知识点巩固

要完成该界面的设计，需要学习C语言的基础知识。

(1) C语言的基本组成要素。

(2) 常量与变量。

(3) 数据的输入与输出。

任务1.1 C语言的基本组成要素

C语言的基本组成要素主要包括关键字、标识符、分隔符、注释、运算符等元素。

1. 关键字

C语言中的关键字是系统预定义的一些符号，具有特定的含义，用户不能自己定义，可直接使用。常用的关键字如表1-1所示。

表1-1 常用的关键字

auto	break	case	char
const	continue	default	do
double	else	enum	extern
float	for	goto	if
int	long	register	return
short	signed	sizeof	static
struct	switch	typedef	union
unsigned	void	volatile	while

2. 标识符

用来对变量、符号常量、函数、数组、类型等进行命名的字符称为标识符，命名规则如下：

(1) 只能包含字母、数字和下画线三类字符，不能包含其他字符。

(2) 标识符的首字符只能是字母或下画线，不能出现其他字符。

(3) 标识符的名字不能是关键字。

例如，3_a不合法，首字符为数字；a-1不合法，出现了-，不是字母、数字和下画线三类字符中的一种。而Int、If则是合法的字符，因为C语言区分大小写。

标识符的命名尽量"见名知义"，通过变量名字能够明确变量的含义。

例如，定义一个成绩值：float score，表示存储成绩值的变量。

3. 分隔符

常用的分隔符有逗号、空格符、制表符、换行符、分号和冒号等符号。

- 逗号：用来分隔多个变量和函数参数。
- 空格符：常用于多个单词间的分隔符，也可以作为输入数据时自然输入项的默认分隔符。

- 制表符、换行符：程序中控制显示格式，常用于输出的格式设置。
- 分号：常用于表达式的后边，表示语句的结束。
- 冒号：用于语句标号与语句之间，例如 case 后面（不常用）。

【注意】 程序中使用的所有分隔符均为英文字符。

4. 注释

注释用于对 C 语句功能进行说明，不参与程序的编译运行。

注释分为单行注释和多行注释。

单行注释主要针对一行文字进行注释，//后的内容为注释内容，不参与程序的运行。

```
int  x;                                   //定义一个 int 型变量 x,这里是单行注释
```

多行注释主要用于一个程序段的注释或者涉及多行文字说明的情况，用/*　　*/包含多行注释的内容。

```
/* 本程序段的主要功能:实现一个选课系统的设计界面:包括功能列表和功能美化两方面的内容.
这里是多行注释 */
```

5. 运算符

C 语言中包括算术运算符、关系运算符、逻辑运算符、条件运算符、赋值运算符、指针运算符等多种类型的运算符，用于实现不同类型数据的运算。

【课堂案例 1-1】 认识第一个 C 语言程序：输出一行字符串“hello world”。

运行效果：

```
hello world
```

实现代码：

```
#include<stdio.h>
int main(){
    printf("hello world\n");
    return 0;
}
```

【说明】

1）#include<stdio.h>，预处理指令

stdio.h 头文件中包含输入输出函数的声明，因为程序中有输出函数的使用，需要利用 include 指令加入 stdio.h，这样输出函数才可以正常使用。只要涉及输入和输出函数，都需要利用预处理指令完成 stdio.h 头文件的加入。有时会有 #include"stdio.h"这种写法，二者的区别如下：

<stdio.h>是编译软件按系统规定的标准方式检索文件目录；"stdio.h"则是先在源程序文件所在文件目录搜索需包含的文件，没找到再按系统规定的标准方式检索文件目录。因此，当所需文件不在源文件所属文件夹时，后者慢一些。

2）int main()

main()为一个程序的主函数(入口函数)，每个程序中有且只能有一个 main()函数。

3）printf()

输出一行字符，双引号中的内容原样输出，其中'\n'为换行符(其对应的 ASCII 码为 10)。

4）return 0

系统调用 main()函数，返回 0 表示程序正常结束；否则表示程序异常。如果不写 return 0 语句，部分编译系统会在目标程序中自动添加。规范的写法需要添加该语句。

任务 1.2　常量与变量

1. 常量

常量是程序运行中值固定不变的量，不占运行内存。主要的常量类型有整型常量、实型常量、字符常量、字符串常量、符号常量等。常用的常量说明如下。

1）整型常量

如 1、2、123、4567 等内容。

2）实型常量

一般由小数组成，如 1.23、0.25、0.0、.23 等数据；也可以采用指数(e 或 E 均可)形式，如 1.2e3，表示 1.2×10^3。

【注意】 用指数形式表示时，e 前必须有数字，e 后必须为整数。例如 2e3、1.4e－3 合法，而 e3、1.2e2.4 不合法。

3）字符常量

普通字符用单引号引起来，如'a'、'c'，注意单引号中只能包含一个字符，'ab'不合法。字符常量在计算机中存储其对应的 ASCII 码，不同的字符对应不同的 ASCII 码。ASCII 码对照表见表 1-2。

表 1-2　ASCII 码对照表

ASCII 值	控制字符	ASCII 值	控制字符	ASCII 值	控制字符	ASCII 值	控制字符
0	NUL	10	LF	20	DC4	30	RS
1	SOH	11	VT	21	NAK	31	US
2	STX	12	FF	22	SYN	32	(space)
3	ETX	13	CR	23	TB	33	!
4	EOT	14	SO	24	CAN	34	"
5	ENQ	15	SI	25	EM	35	#
6	ACK	16	DLE	26	SUB	36	$
7	BEL	17	DCI	27	ESC	37	%
8	BS	18	DC2	28	FS	38	&
9	HT	19	DC3	29	GS	39	'

续表

ASCII 值	控制字符	ASCII 值	控制字符	ASCII 值	控制字符	ASCII 值	控制字符
40	(	62	>	84	T	106	j
41	)	63	?	85	U	107	k
42	*	64	@	86	V	108	l
43	+	65	A	87	W	109	m
44	,	66	B	88	X	110	n
45	-	67	C	89	Y	111	o
46	.	68	D	90	Z	112	p
47	/	69	E	91	[	113	q
48	0	70	F	92	\	114	r
49	1	71	G	93	]	115	s
50	2	72	H	94	^	116	t
51	3	73	I	95	_	117	u
52	4	74	J	96	、	118	v
53	5	75	K	97	a	119	w
54	6	76	L	98	b	120	x
55	7	77	M	99	c	121	y
56	8	78	N	100	d	122	z
57	9	79	O	101	e	123	{
58	:	80	P	102	f	124	|
59	;	81	Q	103	g	125	}
60	<	82	R	104	h	126	`
61	=	83	S	105	i	127	DEL

由表 1-2 列举的各字符所对应的十进制整数可以看出，有 0～127 共 128 个字符，其中 0～31、127 为控制字符，其他为普通字符。例如字符'a'对应的 ASCII 码值为十进制的整数 97，而'A'对应的 ASCII 码值为 65，表示'A'与'a'是两个不同的大小写字母，且二者之间相差 32。

另外，C 语言中还有部分转义字符常量，其表示形式是以字符'\'开头的序列。例如'\n'、'\t'、'\r'、'\\'等均为转义字符形式的字符常量，每个转义字符表示一个字符。

常用的转义字符见表 1-3。

'\o'代表八进制数，例如八进制数'\67'转换成十进制数为 $6\times8^1+7\times8^0=55$，找到 55 所对应的 ASCII 字符，为字符'7'。'\x'代表十六进制数，例如'\x67'转换成十进制数为 $6\times16^1+7\times16^0=103$，找到 103 所对应的 ASCII 字符，为字符'g'。目前通用的 ASCII 码范围为 0～127，故'\o'表示的有效范围为'\0'～'\177'，'\x'表示的有效范围为'\0'～'\7F'。

表 1-3　常用的转义字符

<table>
<tr><th>转义字符</th><th>含　义</th><th>ASCII 码值(十进制)</th><th>备　注</th></tr>
<tr><td>\a</td><td>响铃(BEL)</td><td>007</td><td rowspan="7">ASCII 码表中 0～31 的控制字符,字符不能在显示器上显示,甚至无法从键盘输入,采用转义字符表示。例如'\n'、'\t'是以后程序中常用的字符</td></tr>
<tr><td>\b</td><td>退格(BS),将当前位置移到前一列</td><td>008</td></tr>
<tr><td>\t</td><td>水平制表(HT)</td><td>009</td></tr>
<tr><td>\n</td><td>换行(LF),将当前位置移到下一行开头</td><td>010</td></tr>
<tr><td>\v</td><td>垂直制表(VT)</td><td>011</td></tr>
<tr><td>\f</td><td>换页(FF),将当前位置移到下一页开头</td><td>012</td></tr>
<tr><td>\r</td><td>回车(CR),将当前位置移到本行开头</td><td>013</td></tr>
<tr><td>\"</td><td>双引号</td><td>034</td><td rowspan="3">因双引号、单引号与'\'是特殊的字符,在代码中有相应的含义,不能直接表示,要单独显示这三类符号,需要在前面加'\'</td></tr>
<tr><td>\'</td><td>单引号</td><td>039</td></tr>
<tr><td>\\</td><td>反斜杠</td><td>092</td></tr>
<tr><td>\0</td><td>0 表示一个八进制数位,即表示一个八进制数,如'\012',表示八进制的 12</td><td>对应的 ASCII 字符</td><td rowspan="2">根据计算规则计算字符所代表的整数,并找到对应的字符</td></tr>
<tr><td>\xh</td><td>h 表示一个十六进制数位,即表示一个十六进制数,如'\x16',表示十六进制的 16</td><td>对应的 ASCII 字符</td></tr>
</table>

4）字符串常量

字符串常量是用双引号引起来的字符序列,如"student""teacher"等序列内容。

5）符号常量

利用 define 定义的符号,一经定义,不可更改,不占内存,编译后符号就不存在了。例如:

```
#define N 10
#define PI 3.14
```

利用 N 符号表示 10,在代码中只要遇到 N,就自动替换成 10,定义后,N 的值为 10,不可再更改,除非在定义处重新定义。

符号常量是一个常量,为区分变量,一般将其中的字母定义为大写的形式。

2. 变量

程序运行期间,值可以改变的量为变量。因为值是变化的,要存储一个可以变化的数值需要一块空间,所以变量是计算机中的一块内存区域,占用运行内存。

变量必须先定义,后使用。

定义格式:

```
数据类型 变量名
```

在使用一个变量之前,必须为每个变量起个名字,并声明它的数据类型,以便编译系统根据不同的数据类型为其分配内存空间。变量名通过标识符进行命名,要符合标识符的命名规则。

数据类型信息主要包括存储占用的字节数以及数据的存储形式。不同的数据类型在内存中具有不同的字节数和存储形式。

数据类型的分类如图 1-1 所示。

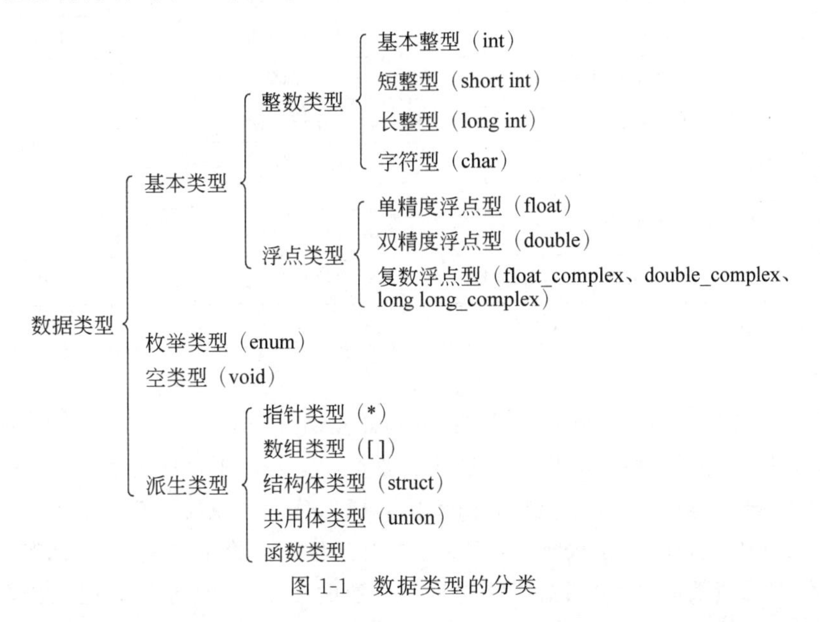

图 1-1 数据类型的分类

C99 中新增加了双长整型(long long int)、布尔型(bool)数据，部分编译器已经支持。

在整数类型中，如果有 signed 修饰，表示数据是带符号的，有正有负；如果是 unsigned 修饰，表示该数据是无符号的，只存储正值，不存储负值。一般在定义数据类型时，省略 signed 修饰符，如 signed int 一般写成 int，默认是有符号的数据类型。

【注意】 signed 与 unsigned 只用于修饰整型数据，不用于修饰浮点型数据。

1）整数

C 语言中整数是以二进制进行存储的，存储时按照第 1 位存储符号位，其余表示整数大小的原则进行。例如，数值 200 的二进制表示为 11001000，在计算机中的存储方式：如果按照 2 字节存储，在内存中存储如下：

0	0	0	0	0	0	0	0	1	1	0	0	1	0	0	0

以上 2 字节可以分成低字节 8 位和高字节 8 位，共 16 位。其中，高字节的第一个 0 表示符号位(0 表示正数，1 表示负数)，其余表示整数内容；低字节的 8 位表示整数的大小，因 200 数值较小，二进制表示只占用了 8 位，未占用高字节的 8 位空间。

思考：如果数值为 2000，仍用 2 字节进行存储，在内存中如何存储？

0	0	0	0	0	1	1	1	1	1	0	1	0	0	0	0

具体的十进制与二进制的转换规则这里不再详细介绍，可参考文献进行理解。

整数类型的字节数及数值范围如表 1-4 所示。

表 1-4 整数类型的字节数及数值范围

整数类型	默认的数据类型	字节数	数值范围
[signed]int	int	4	$-2147483648 \sim 2147483647(-2^{31} \sim 2^{31}-1)$
unsigned [int]	unsigned	4	$0 \sim 4294967295(0 \sim 2^{32}-1)$
[signed] short [int]	short	2	$-32768 \sim 32767(-2^{15} \sim 2^{15}-1)$
unsigned short [int]	unsigned short	2	$0 \sim 65535(0 \sim 2^{16}-1)$
[signed] long [int]	long	4	$-2147483648 \sim 2147483647(-2^{31} \sim 2^{31}-1)$
unsigned long [int]	unsigned long	4	$0 \sim 4294967295(0 \sim 2^{32}-1)$
[signed] long long[int]	long long	8	$-9223372036854775808 \sim 9223372036854775807(-2^{63} \sim 2^{63}-1)$
unsigned long long [int]	unsigned long long	8	$0 \sim 18446744073709551615(0 \sim 2^{64}-1)$

（数值范围可参考以上存储规则进行计算）

2）实数

C 语言中将实数以指数形式进行存储，称为浮点数。浮点类型包括单精度(float)和双精度(double)两种类型。存储的格式一般为：数符（＋或－）1 位＋小数部分＋指数部分。不同的编译系统对于具体的存储位数有所不同。以部分编译系统为例，如 float 一共分配 4 字节，即 4×8＝32 位，前 24 位表示小数部分（含符号位），即第 1 位表示符号，其余表示小数大小；后 8 位表示指数内容（包括指数的符号和指数的大小）。具体小数位和指数位各占多少数位，由不同的编译系统决定。

浮点类型的字节数及数值范围如表 1-5 所示。

表 1-5 浮点类型的字节数及数值范围

浮点类型	字节数	有效数字	数值范围（绝对值）
float	4	6	0 以及 $1.2 \times 10^{-38} \sim 3.4 \times 10^{38}$
double	8	15	0 以及 $2.3 \times 10^{-308} \sim 1.7 \times 10^{308}$
long double	8	15	0 以及 $2.3 \times 10^{-308} \sim 1.7 \times 10^{308}$
	16	19	0 以及 $3.4 \times 10^{-4932} \sim 1.1 \times 10^{4932}$

3）字符

因为字符是按照整数形式存储的，所以在 C 语言中 C99 把字符型数据作为整数类型处理，存储方式同整数类型的存储方式。unsigned char 类型的数值范围为 0～255，部分系统提供了扩展的字符集，将 ASCII 码的可用字符扩展到了 255，但并不适用于所有的系统，使用时需要注意。

字符类型的字节数及数值范围如表 1-6 所示。

表 1-6 字符类型的字节数及数值范围

字符类型	默认	字节数	数值范围
signed char	char	1	$-128 \sim 127(-2^{7} \sim 2^{7}-1)$
unsigned char	unsigned char	1	$0 \sim 255(0 \sim 2^{8}-1)$

表 1-4～表 1-6 列出了各个数据类型的字节数及数值范围，实际上数据类型是由各编译系统决定的，C 标准没有具体规定各种类型数据所占用的存储单元的长度，可以通过 sizeof 运算符进行测量，sizeof 可以用于测量类型或变量长度，当测量数据类型时，必须加()，如 sizeof(int) 测量 int 类型的字节数。sizeof 测量变量长度时可以省略括号，不加()，如 int a；sizeof(a)也可以写成 sizeof a。C 语言中 sizeof(short)≤sizeof(int)≤sizeof(long)≤sizeof(long long)。

3. 变量的定义与赋值

1）变量的定义

变量必须先定义，后使用。前面已经学习了变量的定义格式：

```
数据类型 变量名
```

定义示例：

```
int x;
```

含义：定义一个整型变量 x。

```
int x,y;
```

含义：定义两个整型变量 x 和 y，中间用逗号分隔。

```
char c;
```

含义：定义一个字符变量 c。

```
double score;
```

含义：定义一个双精度浮点型数据。

```
char c;
```

含义：定义一个字符变量 c。

```
char cc[12];
```

含义：定义一个字符数组 cc，里面包含 12 个元素，每个元素相当于一个变量（存储单元），可以存放 12 个字符，[]表示数组类型。

2）变量的赋值

(1) 赋值运算符的应用。

在 C 语言中，“=”表示赋值。

例如，定义两个整型变量 x 和 y，同时赋初值 2 和 3。

```
int x=2,y=3;
```

利用“=”实现两个变量的赋值。

(2) 算术运算符的应用。

C语言中提供了＋、－、*、/、%、＋＋、－－七类算术运算符，运算规则同基本的数学运算。其中，%表示取余运算，＋＋表示自增运算，－－表示自减运算。

例如，7%2表示7除以2得到的余数，结果为1。

```
int i=1;i++;                           //i++,等价于 i=i+1;
int i=3;i--;                           //i--,等价于 i=i-1;
```

【注意】 i＋＋与＋＋i都等价于i＝i＋1，但在使用过程中有一定的区别。例如：

```
int i=2;
printf("i=%d\n",i++);                  //输出结果为:i=2,i++先引用值,再进行增运算
```

若改为：

```
printf("i=%d\n",++i);                  //输出结果为:i=3,++i 先进行增运算,再引用值
```

i－－与－－i的区别适用于以上原则。

(3) 复合赋值运算符。

C语言还提供了＋＝、－＝、/＝、*＝、%＝复合运算符，用于简化程序。例如：

```
x+=5;                                  //等价于 x=x+5;
```

含义是：将x＋5的值再赋给x。

```
x-=5;                                  //等价于 x=x-5;
x/=5;                                  //等价于 x=x/5;
x%=5;                                  //等价于 x=x%5;
```

任务1.3　数据的输入与输出

数据的输入与输出是程序中最基本的要求，在C程序中主要通过printf()函数与scanf()函数来实现，数据要设置相应的格式进行展示。在项目要求中，要完成“学生选课系统”的首页提示界面，需要通过输出功能来实现，结合界面的实现来学习printf()函数的使用规则。

任务实现

完成“学生选课系统”的首页提示界面，运行效果如图1-2所示。

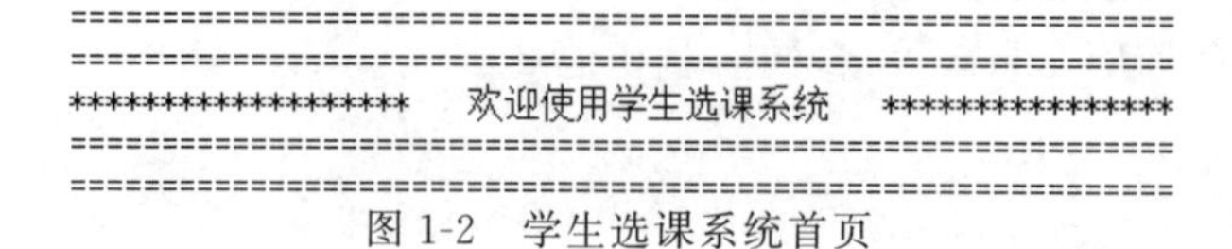

图1-2　学生选课系统首页

因为本次输出主要为文本信息，不涉及变量，所以操作比较简单。实现界面设计的功能代码如下：

```
#include<stdio.h>
int main(){
    //输出选课系统主界面
    printf("\n");
    printf("================================================================\n");
    printf("================================================================\n");
    printf("********************    欢迎使用学生选课系统    *****************\n");
    printf("================================================================\n");
    printf("================================================================\n");
    return 0;
}
```

以上为通过 printf()实现简单字符信息的输出，包括转义字符'\n'和普通的字符信息。

1. printf()的用法

printf()函数的使用格式如下：

```
printf(格式控制[,输出表列]);
```

其中，[]内的数据表示可以省略。

格式控制是用“”引起来的一个字符串，包含“%+格式声明字符”和“普通字符”。“%+格式声明字符”用于确定输出数据按照指定的格式输出。

“普通字符”在输出时原样输出，如果输出信息中只有原样输出的字符，则可以省略[]内的输出表列内容(如任务实现中的代码展示)。

常用的格式字符说明如下(这里仅列举常用的几个格式字符)。

1) d 与 nd

d 是以十进制形式输出带符号整数(正数不输出符号)，例如输出一个十进制数 20，输出格式为：

```
printf("%d",20);
```

输出一个整型变量 x，x 的值为 20，输出语句为：

```
int x=20;
printf("%d",x);
```

nd 表示输出十进制整数的宽度，如果实际宽度大于设定的宽度，则以实际为准；如果设置的宽度大于实际宽度，则输出时自动以空格填充。如：

```
int x=13672;
printf("%4d\n",x);
```

则 x 实际输出 13672，而不是 1367。

若改为：printf("%7d\n",x);则输出： 13672,数据自动靠右,在左侧添加2个空格。

【注意】 如果想要使数据靠左,如何实现?

设置格式为-nd,数据自动靠左,在右侧添加空格。

2) o

以八进制形式输出无符号整数(不输出前缀0),例如:

```
printf("%o",10)                                   //以八进制形式输出10
```

3) x与X

x与X是以十六进制形式输出无符号整数(不输出前缀0x,如果想输出前导符,前加#,如%#x,八进制%#0输出前导符)。

4) u

%u以十进制形式输出无符号整数。

5) f与m.nf

%f以小数形式输出单、双精度实数。

%m.nf表示设置输出的总宽度为m(含小数点),n为小数点位数。例如%9.3f格式,表示数据的长度为9个字符(含小数点),小数位为3位。如果实际的数据宽度比规定的数据显示格式长,则以实际的数据宽度为准。例如12345678.123以%9.2f格式输出,结果为12345678.12,此时实际的数据宽度为11位,小数位为两位。同理,如果设置的数据宽度大于实际显示的数据宽度,则显示时自动在数据的左侧补充空格,数据靠右显示;若要使数据靠左显示,则设置为%-m.nf,在右侧补充空格。

6) c

输出单个字符。

7) s

以字符串的格式输出。

【课堂案例1-2】 定义两个整型变量x和y,分别赋值为12和13,计算两数的和与差,并输出。

```
#include<stdio.h>
int main()
{
    int x=12,y=13;
    printf("x和y的和为:%d,差为%d\n",x+y,x-y);  //x+y、x-y用于计算x与y的和与差
    return 0;
}
```

【说明】 以上printf()函数中,将x+y表达式的结果以%d的格式输出。

【课堂案例1-3】 定义一个实数x,给x赋初值,求x的平方根并输出。

```
#include<stdio.h>
#include<math.h>
int main()
{
```

```
    int x=28.5;
    printf("x的平方根是%f\n",sqrt(x));
//sqrt(x),计算平方根的数学函数,需要导入数学函数库,否则出现错误
    return 0;
}
```

输出结果：x的平方根是5.291503。

【说明】 以上printf()函数中,将x的平方根结果以%f的格式输出,默认有6位小数位,如果要保留小数位数,则需要指定。例如,保留两位小数,则设置%.2f的格式输出。

2. 数据的输入

scanf()是C语言中的一个标准的输入函数,即按用户指定的格式从键盘上把数据输入指定的变量中。

使用格式：

```
scanf(格式控制,地址表列)
```

将从键盘输入的字符转换为"输入控制符"所规定格式的数据,然后存入以输入参数的值为地址的变量中。

1）格式控制

格式控制是用双引号引起来的一个字符串,含义同printf()函数。

(1) 格式声明。以%开始,以一个格式字符结束,中间可以插入附加的字符。

(2) 普通字符。各格式控制字符的含义同printf()函数。

【注意】 输入float型的数据,使用%f;输入double型的数据,使用%lf,否则出现错误。

2）地址表列

地址表列是由若干地址组成的表列,可以是变量的地址,也可以是字符串的首地址。

```
int a,b;
scanf("a=%d,b=%d",&a,&b);
```

在"a=%d,b=%d"中,"a=　,b="为普通字符,在终端输入时,需要原样输入,%d为格式字符,&a、&b为地址表列,注意&符号的应用。

【课堂案例1-4】 通过键盘输入一个整数,并输出验证。

```
#include<stdio.h>
int main()
{
    int x;
    printf("请输入一个整数:\n");    //一般在scanf()函数之前都加一个输出语句,用于简单
                                    //提示要输入的信息,提示输入的信息内容和格式等内容
    scanf("%d", &x);                //&x表示变量x的地址,&是取地址符
    printf("x= %d\n", x);
    return 0;
}
```

3）使用 scanf()的注意事项

（1）参数的个数和数据类型一定要对应。

scanf()的输入控制符和输入参数要按照顺序一一对应。例如：

```
#include<stdio.h>
int main()
{
    char c;
    int a;
    scanf("%c%d", &c);              //错误,输入格式字符与对应的地址列表不对应
    printf("c = %c, a= %d\n", c, a);
    return 0;
}
```

如果有：

```
float x;
double y;
scanf("%f%f", &x, &y);              //错误,因为 y 为 double 型,对应的格式应为%lf
```

scanf()函数中常用的格式字符说明如下。

%c：以单个字符形式输入。

%d：以十进制整数形式输入。

%f、%e：以小数或指数形式输入。

%lf：以 double 型数据输入。

%s：以字符串形式输入。

（2）scanf()函数中的格式控制后面应当是变量地址，不是变量名，需要加 &。

（3）格式控制字符串中除格式字符外，其他字符需要在输入时原样输入。例如：

```
scanf("x=%f,y=%f", &x, &y);
```

在输入 2.5、3.5 时，需要按照“x=2.5，y=3.5”的格式进行输入，否则出现错误。

（4）在用“%c”格式声明输入字符时，空格字符和转义字符中的字符都作为有效字符输入。任何数据都会被当作一个字符，无论是数字还是空格键、回车键、Tab 键它都会接收。

（5）在输入数值数据时，如按空格键、回车键、Tab 键或遇非法字符（不属于数值的字符）时，认为该数据结束。

（6）scanf()函数可以指定输入数据的列宽，系统根据设置的列宽截取相应的数据。如果输入的数据长度小于或等于截取的长度，按实际输入为准；如果输入的数据长度大于截取的长度，则按照截取的长度将数值存入指定的地址。例如：

```
scanf("%3d%3d",&a,&b);
/*若输入 12 456,则 a 的值为 12,b 的值为 456;若输入 123456 123,则 a 的值为 123,b 的值为
456,直接截取 123456 中的前 3 位到 a 的地址,将截取后的 456 输入到 b 的地址*/
```

(7) %后的 * 号表示跳过一定长度的数据。例如：

```
scanf("%3d% * 3d%3d",&a,&b);
/* 若输入 12 456789,则 a 的值为 12,b 的值为 789;若输入 123456 123,则 a 的值为 123,b 的值为 123,直接截取 123456 中的前 3 位到 a 的地址,将截取后的数据跳过 3 个长度后,再将后面的 123 输入到 b 的地址 */
```

3. 字符函数 putchar()和 getchar()

1) putchar()函数

从计算机向显示器输出一个字符。用 putchar()函数既可以输出可显示字符,也可以输出控制字符和转义字符。

putchar(c)中的 c 可以是字符常量、整型常量、字符变量或整型变量(其值在字符的 ASCII 代码范围内)。

【课堂案例 1-5】 先后输出 STUDY 这 5 个字符。

【解题思路】 定义 5 个字符变量,分别赋以初值'S'、'T'、'U'、'D'、'Y',然后用 putchar()函数输出这 5 个字符变量的值。

```
#include<stdio.h>
int main()
{
    char a='S',b='T',c='U',d='D',e='Y';    //定义 5 个字符变量并初始化
    putchar(a);                            //向显示器输出字符 S
    putchar(b);                            //向显示器输出字符 T
    putchar(c);                            //向显示器输出字符 U
    putchar(d);                            //向显示器输出字符 D
    putchar(e);                            //向显示器输出字符 Y
    putchar ('\n');                        //向显示器输出一个换行符
    return 0;
}
```

运行结果：STUDY。

【注意】

```
char a=83,b=84,c=85,d=68,e=89;
```

等价于

```
char a='S',b='T',c='U',d='D',e='Y';
```

2) getchar()函数

从终端输入一个字符给计算机,没有参数。

【课堂案例 1-6】 从键盘输入 STU 字符,然后把它们输出到屏幕。

【解题思路】 用 3 个 getchar()函数先后从键盘向计算机输入 STU 3 个字符,然后用 putchar()函数输出。

```
#include<stdio.h>
int main()
{   char a,b,c;                          //定义字符变量
    a=getchar();                         //从键盘输入一个字符,送给字符变量 a
    b=getchar();                         //从键盘输入一个字符,送给字符变量 b
    c=getchar();                         //从键盘输入一个字符,送给字符变量 c
    putchar(a);                          //将变量 a 的值输出
    putchar(b);                          //将变量 b 的值输出
    putchar(c);                          //将变量 c 的值输出
    putchar('\n');                       //换行
    return 0;
}
```

【注意】 getchar()函数没有参数,函数的值就是从输入设备得到的字符,且只能接收一个字符。

getchar()不仅可以从输入设备获得一个可显示的字符,而且可以获得控制字符。用getchar()函数得到的字符可以赋给一个字符变量或整型变量,也可以作为表达式的一部分。例如,putchar(getchar())将接收到的字符输出。

【课外拓展】

(1) 要输出"学生成绩管理"中的部分信息,效果如下(提示:利用 printf()函数完成)。

```
学生信息情况如下:
姓名  年龄  学号  语文成绩  数学成绩  英语成绩  总成绩  平均成绩
 z     21    1     85.00     85.00     96.00    266.00   88.67
输出完成
```

实现代码如下:

```
#include<stdio.h>
int main()
{
    int age=21;
    float chinese=85.0,math=85.0,english=96.0,total,avg;
    char name='z';
    total=chinese+math+english;
    avg=total/3;
    printf("学生信息情况如下:\n");
    printf("姓名\t 年龄\t 学号\t 语文成绩\t 数学成绩\t 英语成绩\t 总成绩\t 平均成绩\n");
                              //'\t'表示输出的位置跳到下一个 Tab 位置,一个 Tab 位置为 8 列
    printf("%c\t%d\t%d\t%.2f\t\t%.2f\t\t%.2f\t\t%.2f\t\t%.2f\n",name,age,
num,chinese,math,english,total,avg);
    printf("输出完成\n");
    return 0;
}
```

(2) 编写程序,要求通过键盘输入 100 以内的两个正整数 a 和 b,计算 a/b 的商和余数,并输出。要求:商保留 2 位小数。效果如下。

```
请输入 100 以内的两个整数值,中间用空格隔开:
23 56
a/b 的商为:0.41,a%b 的余数为:23
输出完成
```

实现代码如下:

```
#include<stdio.h>
int main()
{
    int a,b;
    printf("请输入 100 以内的两个整数值,中间用空格隔开:\n");
    scanf("%d %d",&a,&b);
    printf("a/b 的商为:%.2f,a%%b 的余数为:%d\n",a*1.0/b,a%b);
    /*
    注意:
    %格式控制符如果要输出,需要在%前再加一个%
    \转义字符想要输出,需要在\前再加一个\
    "字符想要输出,需要在"前加\
    */
    printf("输出完成\n");
    return 0;
}
```

课后实验

实验 1　顺序结构程序设计

一、实验目的

1. 熟悉 C 语言调试环境的使用(Dev),学习编译、运行 C 语言程序的基本方法。
2. 掌握数据类型输入和输出错误对程序结果的影响,明确程序调试及测试的重要性。
3. 了解 C 语言数据类型的概念,熟悉各种类型常量的表示及用法。
4. 掌握整型、字符型和浮点型三种基本类型变量的定义、赋值和使用方法。
5. 掌握赋值运算符及复合赋值运算符的用法。
6. 熟悉自增、自减运算符的特点和用法。
7. 能够编写简单的 C 程序。

二、实验内容

1. 熟悉软件编程环境,编写并运行能够对输入的任意两个整数进行四则运算的程序。

```
#include "stdio.h"
int main()
{
  int a,b;
```

```
    printf("Input a,b:");                    //在屏幕显示提示信息
    scanf("%d,%d",&a,&b);                    //该语句的作用是实现数据的键盘输入
    printf("a*b=%d \n",a*b);                 //输出运算的结果
    //printf("a*b=%d,a+b=%d,a-b=%d\n",a*b,a+b,a-b);
    //输出运算的结果,可以尝试将多个运算结果一起输出
    return 0;
}
```

2. 编写一个程序,从键盘中输入一个大写字母,并将大写字母转换为小写字母。

3. 设计一程序,输入3个整数,求它们的和及平均值,平均值保留2位小数。

4. 利用scanf()函数输入圆的半径,计算该圆的周长和面积并输出(保留2位小数)。

5. 输出学生选课系统的主界面。

【程序指导】

```
              ***学生选课系统***

*   【1】:管理员登录                        *
*   【2】:教师登录                          *
*   【3】:学生登录                          *
*   【4】:程序退出,保存数据                 *
*********************************************
```

三、实验指导

1. Dev C++环境的使用(以第1题的程序运行为例),学会纠正错误。

(1) 启动并关闭提示的信息窗口,如图1-3所示。

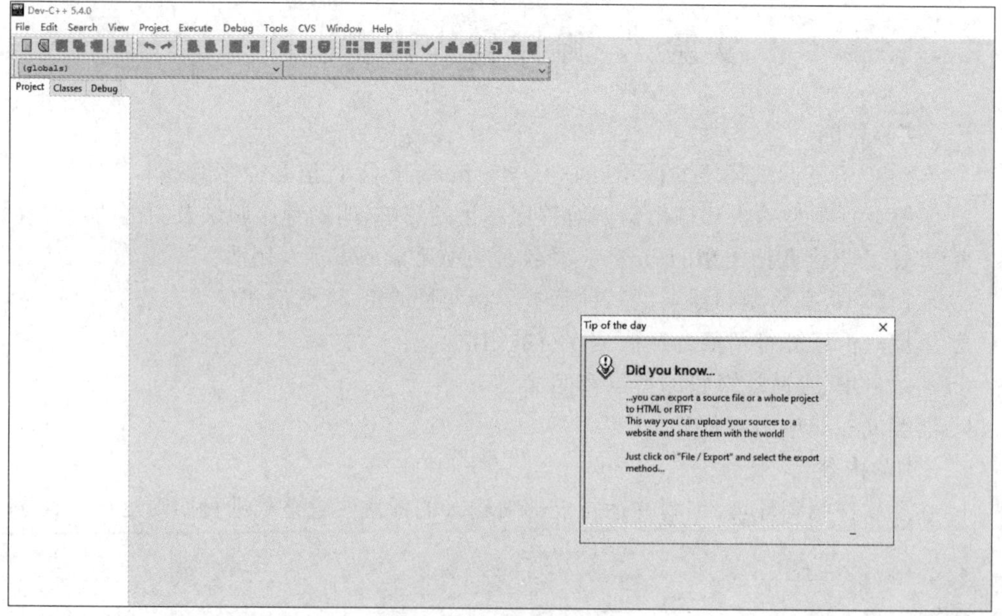

图1-3　启动环境效果

(2) 使用File→New→Source File命令新建一个源程序文件,录入编辑源程序并保存,

效果如图 1-4 所示。

```
#include "stdio.h"
int main()
{
 int a,b;
 printf("Input a,b:");    // 在屏幕显示提示信息
scanf("%d,%d",&a,&b);    // 该语句的作用是实现数据的键盘输入
printf("a*b=%d \n",a*b);  // 输出运算的结果
// printf("a*b=%d, a+b=%d,a-b=%d\n",a*b,a+b,a-b);
// 输出运算的结果，可以尝试将多个运算结果一起输出
return 0;
}
```

图 1-4　创建并编写源程序

(3) 使用 Execute→Compile 命令，或者按 F9 键对源程序进行编译，如果源程序存在语法错误，这时编译系统会把程序中的错误指示出来，如图 1-5 所示。

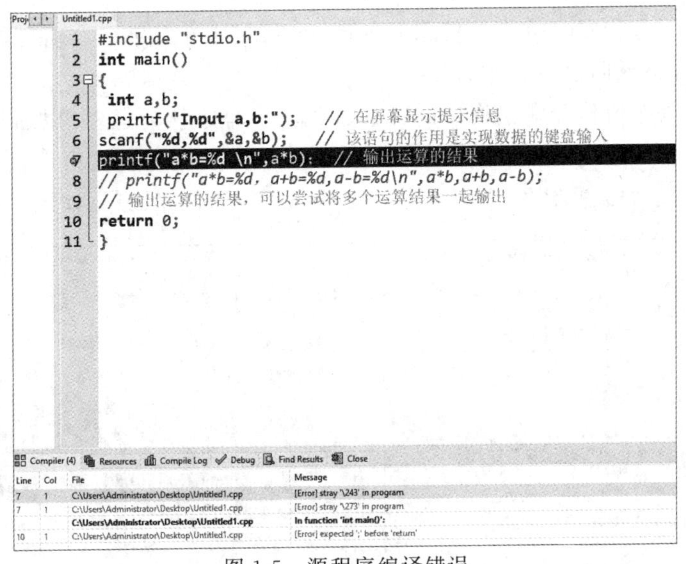

图 1-5　源程序编译错误

这里编译错误，在对应的行进行提示，发现分号错误，立即修改源程序，改成英文标点符号，然后重新编译，编译成功。效果如图 1-6 所示。

Untitled1.cpp

```
#include "stdio.h"
int main()
{
 int a,b;
 printf("Input a,b:");    // 在屏幕显示提示信息
scanf("%d,%d",&a,&b);    // 该语句的作用是实现数据的键盘输入
printf("a*b=%d \n",a*b); // 输出运算的结果
// printf("a*b=%d, a+b=%d,a-b=%d\n",a*b,a+b,a-b);
// 输出运算的结果，可以尝试将多个运算结果一起输出
return 0;
}
```

Resources　Compile Log　Debug　Find Results　Close

```
Compilation results...
--------
- Errors: 0
- Warnings: 0
- Output Filename: C:\Users\Administrator\Desktop\Untitled1.exe
- Output Size: 128.1015625 KiB
- Compilation Time: 0.63s
```

图 1-6　调试程序，编译成功

(4) 编译无误后，使用 Execute→Run 命令生成可执行文件，这个文件可由运行命令 Run 运行，程序开始运行后，将首先进入用户屏幕状态，并有光标闪烁，此时用户需输入数据。运行效果如图 1-7 所示。

C:\Users\Administrator\Desktop\Untitled1.exe

```
Input a,b:3,5
a*b=15
```

图 1-7　程序运行效果

上面的步骤(3)和步骤(4)也可以使用 Execute→Compile & Run 命令或按 F11 键一步完成。

按任意键，屏幕返回程序状态。

【提示】 如果想要修改输出窗口的背景颜色和屏幕字体颜色，可以通过修改控制台窗口的属性设置。单击左上角的控制按钮，选择"属性"命令，打开设置窗口，设置屏幕背景色。这里将背景色设置为白色，R、G、B 三个值分别设置为 255、255、255，如图 1-8 所示。

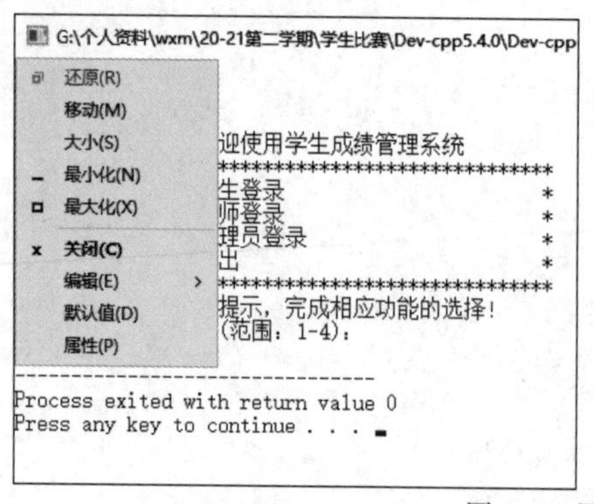

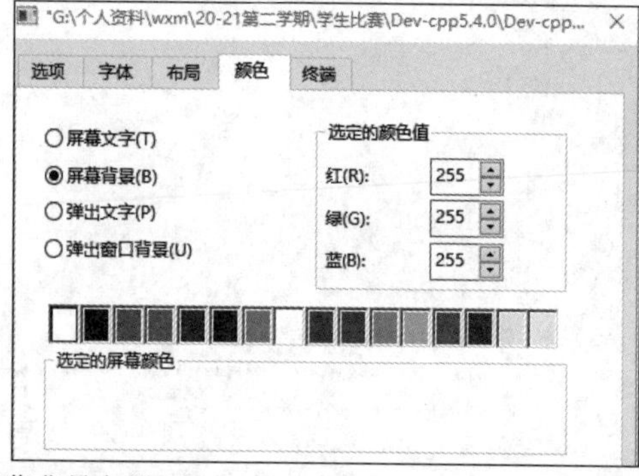

图 1-8　屏幕背景色设置

2. 编写一个程序，从键盘中输入一个大写字母，并将大写字母转换为小写字母。

【程序指导】

```
#include<stdio.h>
main()
{
char ch;
printf("请输入一个大写字母:\n");
scanf("%c",&ch);
ch=ch+32;                          //这里的=表示赋值运算符，将 ch 与 32 的和再赋值给 ch
printf("该字母对应的小写字母是:%c\n",ch);
}
```

运行结果：

```
请输入一个大写字母:
E
该字母对应的小写字母是:e
```

3. 设计一个程序，输入 3 个整数，求它们的和及平均值，平均值保留 2 位小数。

【程序指导】

```
#include<stdio.h>
main()
{
int a,b,c,sum;
float ave;
printf("请输入 3 个整数,以空格隔开:\n",sum,ave);
scanf("%d%d%d",&a,&b,&c);
sum=a+b+c;                         //将 a、b、c 三个变量的值相加，和赋值给 sum
ave=sum/3.0;
printf("sum=%d,ave=%.2f\n",sum,ave);
}
```

运行结果：

```
请输入 3 个整数,以空格隔开:
12 34 25
sum=71,ave=23.67
```

4. 利用 scanf()函数输入圆的半径，计算该圆的周长和面积并输出（保留 2 位小数）。

【程序指导】

```
#include<stdio.h>
#define PI 3.14
int main()
{
double r,l,s;
```

```
printf("请输入圆的半径:\n");
scanf("%lf",&r);
l=2*PI*r;
s=PI*r*r;
printf("该圆的周长是:%.2f,面积是%.2f\n",l,s);
return 0;
}
```

运行结果:

```
请输入圆的半径:
3
该圆的周长是:18.84,面积是 28.26
```

5. 输出学生选课系统的主界面。

【程序指导】

```
#include<stdio.h>
int main()
{
printf("\n\n\n");
printf("\t  ***学生选课系统***\n\n");
printf("*  【1】:管理员登录                    *\n");
printf("*  【2】:教师登录                      *\n");
printf("*  【3】:学生登录                      *\n");
printf("*  【4】:程序退出,保存数据             *\n");
printf("***************************************\n");
return 0;
}
```

四、实验思考

1. C 程序的运行及调试步骤。能结合编译后的错误提示完成纠错与调试。
2. 要实现 5 个整数的累加,如何设计?
3. 程序中的语法错误和逻辑错误对程序运行及结果有什么影响?

项目 2　“学生选课系统”功能选择设计

学习目标

1. 掌握选择结构在实际中的应用。
2. 掌握 if…else 结构的使用规则。
3. 掌握 switch…case 语句的使用规则及 case 各分支的注意事项。
4. 能够结合选择结构用法完成实际应用。

项目内容分析——系统功能选择

程序的控制结构是指为了解决某个问题,按照某种顺序执行的结构,主要分为顺序结构、选择结构和循环结构三种基本结构。其中,顺序结构就是按照语句出现的先后顺序执行的程序结构,项目 1 实现的方式即为顺序结构。而选择结构是根据一定的条件选择,确定要执行的程序,循环结构则是在一定的条件下重复执行相应的语句。

对于程序的基本结构算法表示,常用的方法有程序流程图(程序框图)、N-S 图(盒图)、伪代码等形式。程序流程图中有基本的图框,分别表示不同的含义。而 N-S 图则利用一个矩形框将程序的算法流程表示出来。图 2-1 中展示了程序流程图中常用的几个图框及顺序结构的表示方法。

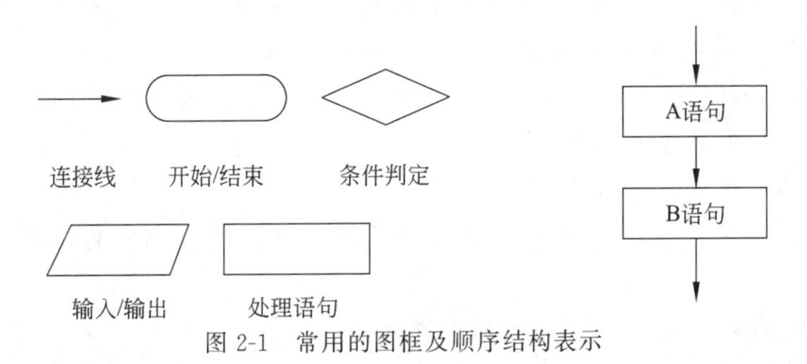

图 2-1　常用的图框及顺序结构表示

在后面的课堂案例中将分别利用程序流程图和 N-S 图对程序进行分析。

在本项目中,将要实现“学生选课系统”的功能选择子项目,主要用于展示和选择项目的各个子功能,实现项目功能需要应用程序的选择结构。

任务说明

在该系统完成首界面输入后,开始通过终端进行功能选择,主功能选择界面如下:

输入 1,进入管理员管理界面。

输入 2,进入教师管理界面。

输入 3,进入学生管理界面。

输入 4,程序退出,并保存数据。

效果展示:

```
          ***学生选课系统***

*  【1】:管理员登录                  *
*  【2】:教师登录                    *
*  【3】:学生登录                    *
*  【4】:程序退出,保存数据            *
****************************************
请按照菜单提示输入您的操作编号:1
请输入管理员用户名和登录密码
用户名:
```

知识点巩固

要完成该界面设计,需要学习C语言的选择结构相关知识,包括选择结构的if语句和switch语句格式以及各语句的使用规则。

观看视频

任务2.1　if语句的应用

生活中常常有多个选择,当面临多个选择时常常会有不同的处理。程序中也会遇到多种选择,例如处理数学函数时,当处于不同的区间段时,函数的值不同;处理不同的银行存款时,根据不同的本金数额来计算;根据不同的营业金额,计算不同的税金等。在程序中处理这些不同选择时,采用的就是选择结构。选择结构的作用是:检查指定的条件是否满足,根据符合的条件情况来选定执行的操作。

C语言提供了两种选择语句:

(1) if语句,用来实现多种类型分支的选择结构。常用的if语句有单分支、双分支及多分支的形式。

(2) switch语句,用来实现多分支的选择结构。

本任务重点对if语句的应用进行介绍。

1. if语句的一般形式

格式1:单分支

```
if (表达式) 语句1
```

单分支流程图如图2-2所示。

格式2:双分支

```
if(表达式) 语句1  else  语句2
```

双分支流程图如图 2-3 所示。

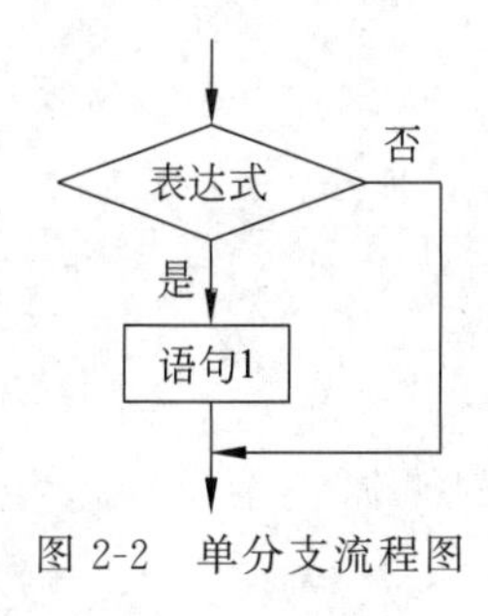

图 2-2　单分支流程图

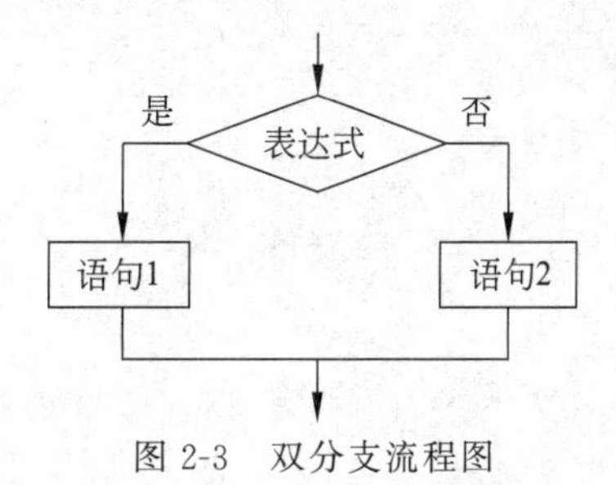

图 2-3　双分支流程图

表达式可以是数值表达式、关系表达式或逻辑表达式，只要表达式的结果为真，就会执行 if 语句后面的语句 1。在关系表达式与逻辑表达式中，1 表示真，0 表示假；在数值表达式中，非 0 表示真，0 表示假。

- 关系运算符：>、>=、<、<=、==(等于)、!=(不等于)。
- 逻辑运算符：&&(与)、||(或)、!（非)。

【注意】 当 a&&b 进行运算时，只有 a 和 b 的值均为真，结果才为真，有一个为假，结果就为假。当 a 的值为假时，b 不执行，结果为假。

当 a||b 进行运算时，只要 a 和 b 中有一个为真，结果为真；当 a 的值为真时，b 不执行结果也为真。

1) 单分支

用 if()语句实现选择结构举例。

【课堂案例 2-1】 输入一个整数 a，如果 a 是偶数，则输出。

```
#include<stdio.h>
int main()
{
    int a;
    printf("请输入一个整数:\n"); //输入提示
    scanf("%d",&a);
    if(a%2==0)                  //a%2 表示 a 除以 2 得到的余数，如果为 0，则说明是偶数
    printf("%d 是偶数\n",a);
    return 0;
}
```

运行结果：

```
请输入一个整数:
12
12 是偶数
```

【说明】 如果输入 13，则 a%2==0 的结果不是真的，所以不成立，不再执行 printf()语句。

【课堂案例 2-2】 输入两个整数 x、y，如果 x>y，则交换 x 和 y 的值，输出 x 和 y 的值。

```
#include<stdio.h>
int main()
{
    int x,y;
    int t;
    printf("请输入 x 和 y 的值:\n");
    scanf("%d%d",&x,&y);
    if(x>y)
    {
        //交换 x、y，借助第三个变量 t，如果 x=y，则 x 中原来的值会被覆盖
        t=x;
        x=y;
        y=t;
    }
    printf("x=%d,y=%d\n",x,y);
    return 0;
}
```

运行结果：

```
请输入 x 和 y 的值:
24 18↙
x=18,y=24
```

2）双分支

```
if (表达式) 语句 1  else 语句 2
```

【课堂案例 2-3】 输入某门课程的成绩 x，如果 x≥60，则输出“成绩合格”，否则输出“成绩不合格”（用双分支实现）。

【说明】 图 2-4、图 2-5 展示了 N-S 图表示顺序和选择两种结构的方式以及在实际程序中的应用，N-S 图表示方法相对简单，易于理解。

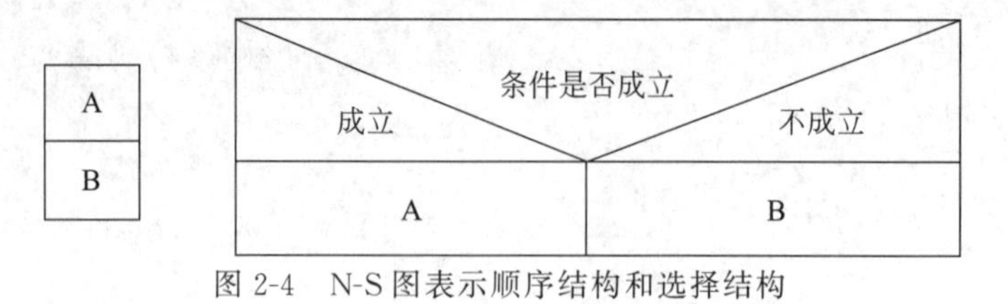

图 2-4　N-S 图表示顺序结构和选择结构

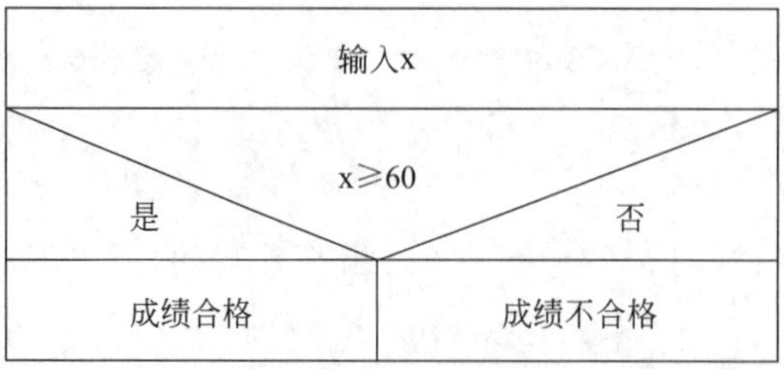

输入x

x≥60

是

否

成绩合格

成绩不合格

图 2-5　N-S 图表示

```
#include<stdio.h>
int main()
{
int x;
printf("请输入一个成绩值:\n");
scanf("%d",&x);
if(x>=60)
printf("成绩合格\n");
else
printf("成绩不合格\n");
return 0;
}
```

运行结果：

```
请输入一个成绩值:
75↙
成绩合格
```

3）多分支结构

当有多个选择分支时，使用多分支结构，用 if…else if 形式来表示。

语句格式：

```
if (表达式 1)
  语句 1;
else  if (表达式 2)
  语句 2;
else  if (表达式 3)
  语句 3;
    …
else  if (表达式 n)
  语句 n;
else
    语句 n+1;
```

实现的过程是：首先计算表达式 1 的值，如果表达式 1 的值为非 0，则执行语句 1，跳出选择结构执行下一步的操作；如果表达式 1 的结果为 0，则判断表达式 2 的值是否为真，如果为真，则执行语句 2，跳出选择结构，然后继续执行程序；以此类推，如果执行到表达式 n 的结果为真，则执行语句 n，否则执行语句 n+1，然后结束选择结构，执行之后的程序。多分支流程图如图 2-6 所示。

【课堂案例 2-4】 从键盘任意输入一个字符，判断其是数字、大写字母、小写字母或其他字符。

【分析】 可以根据输入字符的 ASCII 码来判别类型。由 ASCII 码表可知，在 0 和 9 之间的为数字，在 A 和 Z 之间的为大写字母，在 a 和 z 之间的为小写字母，其余为其他字符。

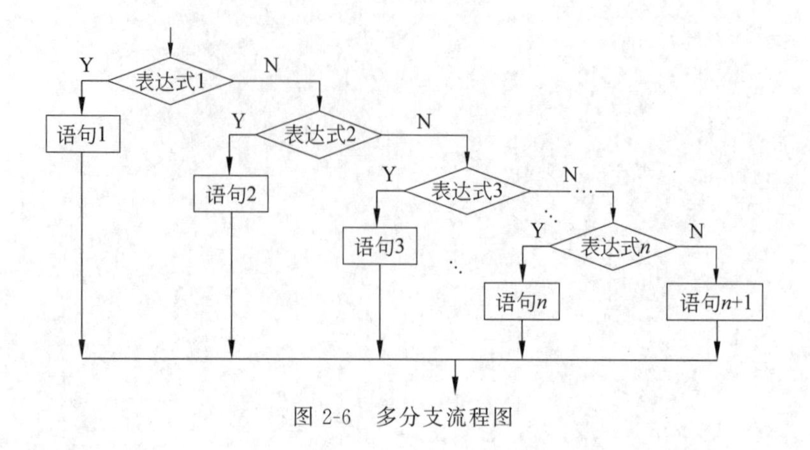

图 2-6　多分支流程图

```
#include<stdio.h>
int main()
{
char c;
printf("请输入一个字符:\n");
c=getchar();
if ( c>='0' && c<='9')
printf("\'%c\'是一个数字字符。\n",c);
//单引号输出时需要使用转义字符\',表示成\'%c\',输出时将字符用单引号引起来
else if( c>='A' && c<='Z')
printf("\'%c\'是一个大写字母。\n",c);
else if ( c>='a' && c<='z')
printf("\'%c\'是一个小写字母。\n",c);
else
printf("\'%c\' is an other character.\n",c);
return 0;
}
```

运行结果：

```
请输入一个字符:
2
'2'是一个数字字符.
```

【说明】 当输入一个数字字符'2'时，通过判断输出数字字符的提示信息。可以在输入时分别提供大写字母和小写字母，查看输出提示信息。

2. 使用嵌套的 if 语句实现多层选择

有的选择结构中又包含一个或多个选择结构，这称为选择结构的嵌套。

if 语句中可以包括另一个 if 语句，这就是 if 语句的嵌套。

可以用 if 语句的嵌套实现嵌套的选择结构。

一般形式：

```
if( )
    if( ) 语句 1
```

```
    else  语句 2
else
    if( ) 语句 3
    else  语句 4
```

【课堂案例 2-5】 某景区门票收费标准：年龄≥18 周岁，收费 40 元；年龄<18 周岁，身高>140cm 的收费 20 元，身高≤140cm 的收费 15 元。请编写一个程序，根据输入的年龄和身高信息，计算收费金额。

```
#include<stdio.h>
int main()
{
int age,height;
printf("请输入你的年龄:\n");
scanf("%d",&age);
if(age>=18)
printf("你好,成人收费 40 元\n");
else
{
printf("请输入你的身高:(cm)\n");
scanf("%d",&height);
if(height>140)
printf("你好,收费 20 元\n");
else
printf("你好,收费 15 元\n");
}
return 0;
}
```

运行结果：

```
请输入你的年龄:
15↙
请输入你的身高:(cm)
160↙
你好,收费 20 元
```

【注意】 C 语言规定当使用 if 语句嵌套时，else 总是与它上面最近的还未匹配的 if 配对，为了避免出现混乱，可在嵌套的 if…else 语句中添加{}。

3. 条件运算符和条件表达式的应用

使用格式：

```
表达式 1?表达式 2:表达式 3
```

条件运算符由两个符号(? 和:)组成，必须一起使用。要求有 3 个操作对象，称为三目(元)运算符，它是 C 语言中唯一的一个三目运算符。

条件运算符的执行顺序：先求解表达式 1，若为非 0(真)，则求解表达式 2，此时表达式 2 的值就作为整个条件表达式的值。若表达式 1 的值为 0(假)，则求解表达式 3，表达式 3 的值就是整个条件表达式的值。

```
max=(a>b)?a:b;                              //将 a、b 中的最大者赋值给 max
```

等价于：

```
if(a>b) max=a;
else    max=b;
```

【课堂案例 2-6】 根据条件运算符的应用方法，求以下表达式的结果。

```
#include<stdio.h>
int main()
{
int a = 3, b = 4, c = 5, x;
x=a>b?(a>c?a:c):(b>c?b:c);
printf("x=%d\n",x);
return 0;
}
```

运行结果：

```
x=5
```

任务实现

完成“学生选课系统”的主功能选择界面。

实现界面设计的功能代码如下：

```
#include<stdio.h>
int main()
{
char ch;
printf("\n\n\n\t  ***学生选课系统***\n\n");
printf("*  【1】:管理员登录                    *\n");
printf("*  【2】:教师登录                      *\n");
printf("*  【3】:学生登录                      *\n");
printf("*  【4】:程序退出,保存数据              *\n");
printf("********************************************\n");
printf("\t 请按照菜单提示输入您的操作编号:");
ch =getchar();
if(ch =='3')
printf("\t 学生登录,请输入你的学号和密码,进入学生角色\n");
if(ch=='2') printf("\t 教师登录,请输入你的教工号和密码,进入教师角色\n");
if(ch=='1') printf("\t 管理员登录,请输入管理员用户名和密码,进入管理员角色\n");
return 0;
}
```

【说明】 这里的具体功能实现较复杂，仅展示文字信息提示。

任务 2.2　switch…case 语句

通过任务 2.1,我们学习了 if…else 结构在不同分支中的应用情况,并通过课堂案例掌握了 if 语句的用法,对于多分支语句形式,还可以使用 switch…case 语句,该语句用于多分支结构的应用。

1. 多分支语句 switch 语句的形式

```
switch(表达式){
    case 常量表达式 1:  语句 1;
    case 常量表达式 2:  语句 2;
    …
    case 常量表达式 n:  语句 n;
    default          :  语句 n+1;
    }
```

switch 语句首先计算表达式的值,然后逐个与 case 后的常量表达式的值相比较,当表达式的值与某个常量表达式的值相等时,即执行其后的语句,然后不再进行判断,继续执行后面所有 case 后的语句。若表达式的值与所有 case 后的常量表达式的值均不相同,则执行 default 后的语句。

【课堂案例 2-7】 输入一个数字,根据数字的值显示对应的星期几。例如输入 1,显示"星期一";输入 2,显示"星期二";以此类推。

```
#include<stdio.h>
int main(){
    int a;
    printf("请输入一个数字:      ");
    scanf("%d",&a);
    switch (a){
    case 1:printf("星期一\n");
    case 2:printf("星期二\n");
    case 3:printf("星期三\n");
    case 4:printf("星期四\n");
    case 5:printf("星期五\n");
    case 6:printf("星期六\n");
    case 7:printf("星期日\n");
    default:printf("error\n");
    }
return 0;
}
```

运行结果:

```
请输入一个数字:      1
星期一
星期二
```

```
星期三
星期四
星期五
星期六
星期日
error
```

【说明】 在输入数字1之后，找到了case 1对应的标号位置，开始运行程序，通过运行结果可以分析出，所有的case子句后对应的语句都被执行。所以，在switch语句中提供了break语句，用于结束当前的switch语句，使流程转到switch语句的末尾。故在以上案例中，如果在case 1～case 7后添加break语句，输入数字1只会执行case 1分支，然后跳出switch语句，而不会全部执行。

在使用switch语句时，还应注意以下几点：

（1）switch后的表达式的值只能是整型或字符型数据。

（2）在case后的各常量表达式的值不能相同，否则会出现错误。

（3）在case后允许有多个语句，可以不用{}括起来。

（4）各case和default子句的先后顺序可以变动，而不会影响程序执行结果。default子句可以不用，如果没有default子句，当case中不存在对应的项时，直接退出switch子句，不做处理。

（5）case只是起一个入口标号的作用，执行完case之后的语句后，如果case子句后没有break语句，就会继续执行下去，不再进行判断，进入下一个case子句执行。

（6）多个条件可以共享一个语句，例如：

```
case 10:
case 9:printf("优秀");break;
```

这样case 9和case 10共用一个输出语句。多个case语句共享可以按照以上形式，只在相应的case子句中加break，其他分支不加break。

2. 多重if结构和switch结构的比较

相对来说，if多分支结构的使用范围较广，switch…case在使用时，case后的值为常量值，而不是一个数值范围，所以有时数值范围可能会涉及非常多的常量。如1～100的整数x，仅常量分支就有100个，所以对于一些案例，需要对switch后的表达式进行处理，如对成绩x(假设x为整数)进行除以10处理，switch(x/10)，这样x/10之后的结果范围就变成0～10。

【课堂案例2-8】 编写一个简单的计算器，实现两个整数的四则运算。

switch…case的实现方式：

```
#include<stdio.h>
int main()
{
int a,b;
char op;
```

```
printf("输入操作数 1,运算符,操作数 2:");
scanf("%d%c%d",&a,&op,&b);
switch(op){
case '+': printf("%d+%d=%d\n",a,b,a+b);
break;
case '-': printf("%d-%d=%d\n",a,b,a-b);
break;
case '*': printf("%d*%d=%d\n",a,b,a*b);
break;
case '/': printf("%d/%d=%d\n",a,b,a/b);
break;
default:  printf("运算符错误!");
}
return 0;
}
```

if…else if…语句的实现方式：

```
#include<stdio.h>
int main()
{
int a,b;
char op;
printf("输入操作数 1,运算符,操作数 2:\n");
scanf("%d%c%d",&a,&op,&b);
if(op=='+')
printf("%d+%d=%d\n",a,b,a+b);
else if(op=='-')
printf("%d-%d=%d\n",a,b,a-b);
else if(op=='*')
printf("%d*%d=%d\n",a,b,a*b);
else if(op=='/')
printf("%d/%d=%d\n",a,b,a/b);
else
printf("\n运算符错误!");
return 0;
}
```

运行结果：

```
输入操作数 1,运算符,操作数 2:
3+5
3+5=8
```

任务实现

利用 switch 语句完成“学生选课系统”的功能选择。

实现界面设计的功能代码如下。

【程序指导】

```
#include<stdio.h>
#include<stdlib.h>
int main()
{
char ch;
printf("\n\n\n\t  ***学生选课系统***\n\n");
printf("*  【1】:管理员登录                    *\n");
printf("*  【2】:教师登录                      *\n");
printf("*  【3】:学生登录                      *\n");
printf("*  【4】:程序退出,保存数据             *\n");
printf("******************************************\n");
printf("\t请按照菜单提示输入您的操作编号: ");
ch =getchar();
switch(ch)
{
    case '1':printf("进入管理员界面\n");break;
    case '2':printf("进入教师界面\n");break;
    case '3':printf("进入学生界面\n");break;
    case '4':printf("程序退出,保存数据\n");exit(0);
/*这里可以省略break,exit(0)的功能为正常状态退出。
因为exit()函数是C标准库函数,它的原型在stdlib.h这个头文件中,所以在使用exit()的程序中,一定要用#include<stdlib.h>将这个头文件包含进去,就像使用printf()函数和scanf()函数要包含stdio.h一样*/
}

return 0;
}
```

课后实验

实验2　选择结构程序设计

一、实验目的

1. 学会使用逻辑表达式描述问题中的条件。
2. 掌握if语句的三种形式及其用法。
3. 掌握switch语句的格式及使用。
4. 掌握选择结构程序在实际问题中的应用。

二、实验内容

1. 从键盘输入一个年份x,判定是否为闰年,若是,则输出x为闰年;否则输出x是平年。

2. 输入4个实数,找出其中的最大值与最小值,并输出。

3. 输入三角形的3条边长，判定是否符合三角形的要求，并计算周长和面积。

4. 输入x值(实数)，根据x的取值范围输出对应的函数值。

$$y=\begin{cases}-x^2 & (x<-10)\\ 10 & (-10\leqslant x<0)\\ x+1 & (0\leqslant x\leqslant 5)\\ \sqrt{x+1} & (x>5)\end{cases}$$

5. 某服装商场正在搞节日促销活动，购买3件以上衣服享受6折优惠；购买2件以上享受7折优惠；购买1件享受8折优惠。每人最多购买3件，请根据客户的购买情况，确定要付款的金额(单位：元)。

6. 输入某学生的成绩，输出相应的信息：成绩为90～100分的输出“优秀!”；成绩为80～89分的输出“良好!”；成绩为70～79分的输出“中等!”；成绩为60～69分的输出“及格!”；成绩为60分以下的输出“不及格!”。并对成绩合法性进行验证，要求：

(1) 用if语句编写程序。

(2) 用switch语句编写程序。

体会二者的使用区别。

7. 某销售公司根据员工的销售利润发放工资，工资由基本工资和销售利润提成两部分构成。其中，基本工资3000元，销售利润提成(p)根据销售额计算(销售利润提成＝销售额＊提成)：

p＜10000	没有提成
10000≤p＜20000	提成5％
20000≤p＜50000	提成10％
50000≤p＜100000	提成15％
100000≤p	提成20％

分别用if和switch语句编程：根据输入的p值计算并输出员工的工资(基本工资＋提成)。

8. 输入一个三位数x，并对数据进行有效性验证，判定其是否为水仙花数(水仙花数：3个数位的立方和等于该数本身)。

三、实验指导

结合实验内容，对各个题目进行指导，完成实验代码设计。

1. 从键盘输入一个年份x，判定是否为闰年，若是，则输出x为闰年；否则输出x是平年。

【程序指导】

方法一：

```
#include<stdio.h>
int main(){
int a;
printf("please input year:\n");
scanf( "%d" ,&a);
if((a%4==0&&a%100!=0)||(a%400==0))
{
printf("%d是闰年\n",a);
}else{
printf("%d是平年\n",a);
```

```
}
return 0;
}
```


运行结果：

```
please input year:
2004
2004是闰年
```

方法二：

```
#include<stdio.h>
int main()
{
int a,flag=0;
printf("please input year:\n");
scanf( "%d" ,&a);
if(a%4==0)
{
    if(a%100!=0)
    flag=1;
    else
      if(a%400==0)
      flag=1;
      else
      flag=0;
}
else
    flag=0;
if(flag==1)
printf("%d是闰年\n",a);
else
printf("%d是平年\n",a);
return 0;
}
```

运行结果：

```
please input year:
2004
2004是闰年
```

2. 输入4个实数，找出其中的最大值与最小值，并输出。

【程序指导】

```
#include"stdio.h"
int main()
{
```

```
double a,b,c,d,max,min;
printf("请输入 4 个实数,中间用逗号分隔:\n");
scanf("%lf,%lf,%lf,%lf",&a,&b,&c,&d);
max=a;
if(a<b)   max=b;
if(max<c)  max=c;
if(max<d)  max=d;
min=a;
if(min>b)  min=b;
if(min>c)  min=c;
if(min>d)  min=d;
printf("最大值为%.2f,最小值为%.2f\n",max,min);
return 0;
}
```

运行结果:

```
请输入 4 个实数,中间用逗号分隔:
23.5,67,65,98
最大值为 98.00,最小值为 23.50
```

3. 输入三角形的 3 条边长,判定是否符合三角形的要求,并计算周长和面积。

【程序指导】

```
#include<stdio.h>
#include<math.h>
int main()
{
int a,b,c;
double l,s,p;
printf("请输入三角形的三条边(满足两边之和大于第三边):\n");
scanf("%d,%d,%d",&a,&b,&c);
if(a>0 &&b>0&&c>0)
{
if(a+b>c&&a+c>b&&b+c>a)
{
    l=a+b+c;
    p=l/2.0;
    s=sqrt(p*(p-a)*(p-b)*(p-c));
    printf("该三角形的周长为%.2f,面积为%.2f\n",l,s);
}
else
printf("不能构成三角形!");
}
else
    printf("输入错误,边长不能小于或等于 0!\n");
return 0;
}
```

运行结果：

```
请输入三角形的三条边(满足两边之和大于第三边):
3,4,5
该三角形的周长为 12.00,面积为 6.00
```

4. 输入 x 值(实数)，根据 x 的取值范围输出对应的函数值。

$$y=\begin{cases}-x^2 & (x<-10)\\ 10 & (-10\leqslant x<0)\\ x+1 & (0\leqslant x\leqslant 5)\\ \sqrt{x+1} & (x>5)\end{cases}$$

【程序指导】

```
#include "stdio.h"
#include "math.h"
int  main()
{
float x,y;
printf("请输入 x 的值:\n");
scanf("%f",&x);
if(x<-10)
    y=-x*x;
else if(x<0)
    y=10;
else if(x<=5)
    y=x+1;
else
    y=sqrt(x+1);
printf("y=%.2f",y);
return 0;
}
```

运行结果：

```
请输入 x 的值:
3
y=4.00
```

5. 某服装商场正在搞节日促销活动，购买 3 件以上衣服享受 6 折优惠；购买 2 件以上享受 7 折优惠；购买 1 件享受 8 折优惠。每人最多购买 3 件，请根据客户的购买情况，确定要付款的金额(单位:元)。

【程序指导】

```
#include<stdio.h>
int main()
{
```

```
float money1,money2,money3;
int n;
printf("请输入购买的服装件数:\n");
scanf("%d",&n);
switch(n)
{
case 3:
    printf("请输入三件衣服的金额,中间用逗号分隔:\n");
    scanf("%f,%f,%f",&money1,&money2,&money3);
    printf("应付款:%.1f\n",(money1+money2+money3) * 0.6);
    break;
case 2:
    printf("请输入两件衣服的金额,中间用逗号分隔:\n");
    scanf("%f,%f",&money1,&money2);
    printf("应付款:%.1f\n",(money1+money2) * 0.7);
    break;
case 1:
    printf("请输入一件衣服的金额:\n");
    scanf("%f",&money1);
    printf("应付款:%.1f\n",money1 * 0.6);
}
return 0;
}
```

运行结果：

```
请输入购买的服装件数:
2
请输入两件衣服的金额,中间用逗号分隔:
85,102
应付款:130.9
```

6. 输入某学生的成绩,输出相应的信息：成绩为 90～100 分的输出“优秀!”;成绩为 80～89 分的输出“良好!”;成绩为 70～79 分的输出“中等!”;成绩为 60～69 分的输出“及格!”;成绩为 60 分以下的输出“不及格!”。并对成绩合法性进行验证,要求：

(1) 用 if 语句编写程序。

(2) 用 switch 语句编写程序。

体会二者的使用区别。

【程序指导】

(1) if 语句编写。

```
#include<stdio.h>
int main()
{
int score;
printf("请输入成绩:\n");
scanf("%d",&score);
if(score>=0 && score<=100)
{
if(score>=90 && score<=100)
```

```
printf("优秀!\n");
else if(score>=80 && score<=89)
printf("良好!\n");
else if(score>=70&&score<=79)
printf("中等!\n");
else if(score>=60 && score<=69)
printf("及格!\n");
else if(score<60)
printf("不及格!\n");
}
else
printf("输入的成绩值不合法!\n");
return 0;
}
```

（2）switch 语句编写。

```
#include<stdio.h>
int main()
{
int score;
printf("请输入成绩:\n");
scanf("%d",&score);
if(score>=0 && score<=100)
{
switch(score/10)
{
    case 10:
    case 9:printf("优秀!\n");break;
    case 8:printf("良好!\n");break;
    case7:printf("中等!\n");break;
    case 6:printf("及格!\n");break;
    default:printf("不及格!\n");
}
}
else
printf("输入的成绩值不合法!\n");
return 0;
}
```

当输入的成绩值不合法时，运行结果：

```
请输入成绩:
-52
输入的成绩值不合法!
```

当输入的成绩值有效时，运行结果：

```
请输入成绩:
```

```
85
良好!
```

【说明】 通过本题可以得出,if 语句和 switch 语句均可嵌套,且可以相互嵌套。

7. 某销售公司根据员工的销售利润发放工资,工资由基本工资和销售利润提成两部分构成。其中,基本工资 3000 元,销售利润提成根据销售额计算(销售利润提成=销售额 * 提成):

p<10000	没有提成
10000≤p<20000	提成 5%
20000≤p<50000	提成 10%
50000≤p<100000	提成 15%
100000≤p	提成 20%

分别用 if 和 switch 语句编程:根据输入的 p 值计算并输出员工的工资(基本工资+提成)。

【程序指导】

(1) if 语句实现。

```
#include<stdio.h>
int main()
{
double p,com;
double salary=3000;
printf("请输入销售的利润值:\n");
scanf("%lf",&p);
if(p<10000)
com=0;
else if(p<20000)
com=p*0.05;
else if(p<50000)
com=p*0.1;
else if(p<100000)
com=p*0.15;
else
com=p*0.20;
salary=salary+com;
printf("该员工的薪水为%f\n",salary);
return 0;
}
```

(2) switch 语句实现。

```
#include<stdio.h>
int main()
{
double p,com;
double salary=3000;
printf("请输入销售的利润值:\n");
scanf("%lf",&p);     //
```

```
switch((int)(p/10000))
{
case 0: com=0;break;
case 1:com=p * 0.05;break;
case 2:
case 3:
case 4:com=p * 0.1;break;
case 5:
case 6:
case 7:
case 8:
case 9:com=p * 0.15;break;
case 10:com=p * 0.20;break;
}
salary=salary+com;
printf("该员工的薪水为%f\n",salary);
return 0;
}
```

运行结果：

```
请输入销售的利润值:
15000
该员工的薪水为 3750.00
```

【说明】 此题中，注意 if 语句和 switch 语句的使用方法，switch 后的表达式按照(int)(p/10000)进行处理后，转换成整数，同时减少了分支数。

8. 输入一个三位数 x，并对数据进行有效性验证，判定其是否为水仙花数(水仙花数：3 个数位的立方和等于该数本身)。

【程序指导】

```
#include<stdio.h>
int main()
{
int x,a,b,c;
printf("请输入一个三位数:\n");
scanf("%d",&x);
if(x>=100&&x<1000)
{
    a=x/100;
    b=x/10%10;
    c=x%10;
    if(x==a * a * a+b * b * b+c * c * c)
        printf("%d是水仙花数\n",x);
    else
        printf("%d不是水仙花数\n",x);
}
else
```

```
    printf("输入不合法!");
return 0;
}
```

运行结果：

```
请输入一个三位数:
153
153是水仙花数
```

【说明】 通过 if 与 switch 语句的对比发现，if 语句使用相对灵活，switch 可用于分支数相对较少的多分支语句。

四、实验思考

1. if 语句能否完全代替 switch 语句进行程序设计？

2. 在 if 语句的嵌套结构中，如何确定 else 与 if 的匹配关系？

项目 3 “学生选课系统”多信息输入与输出

学习目标

1. 掌握循环结构在实际中的应用。
2. 掌握 while 和 do…while 语句的使用规则以及两个语句的使用区别。
3. 掌握 for 语句的使用规则以及 for 语句中各表达式的含义。
4. 掌握 break 和 continue 语句在循环结构中的应用。
5. 能够结合循环结构的用法应用到实际问题中。

项目内容分析——信息重复输出

在该系统完成首界面输入后，通过终端输入操作编号 1，进入管理员角色，可以通过管理员角色进行学生选课信息的录入与查询，这一操作可以将涉及多个学生的选课信息输入和输出。因为有多个学生信息，所以会有多次操作。考虑使用相同的处理语句解决多次执行，用循环结构来解决。在本项目中，学生信息的存储、输入和输出涉及多个方面的知识，这里仅以输入输出多个学生信息为简单案例，展开循环结构知识的学习。

任务说明

本次任务要为学生选课系统中的信息输出提供思路。为简化程序，这里以学生部分信息的输出举例。输入学生的部分成绩信息，并输出。效果如下所示：

现有学生部分信息列表如下：

学号	数据结构	高等数学	C 语言
1	85	74	96
2	84	82	91
3	88	75	95

知识点巩固

要完成该界面设计，需要学习循环结构相关的知识点。绝大多数的应用程序都包含重复处理，循环结构又称为重复结构。

循环结构和顺序结构、选择结构是结构化程序设计的 3 种基本结构，它们是各种复杂程序的基本组成单元。常用的循环结构有 while、do…while 和 for 三类循环语句。

任务 3.1　while 语句的应用

while 语句的一般形式：

```
while (表达式) 语句
```

while 循环的特点：先判断条件表达式，后执行循环体语句。

while 语句可简单地记为：只要当循环条件表达式为真(给定的条件成立)，就执行循环体语句。

“语句”就是循环体。循环体可以是一个简单的语句，也可以是复合语句(用花括号括起来的若干语句)。

执行循环体的次数是由循环条件控制的，这个循环条件就是上面一般形式中的“表达式”，它也称为循环条件表达式。当此表达式的值为“真”（以非 0 值表示）时，就执行循环体语句；为“假”（以 0 表示）时，就不执行循环体语句。要构成一个有效的循环，应当指定两个条件：

(1) 需要重复执行的操作，这称为循环体。

(2) 循环结束的条件，即在什么情况下停止重复的操作。

【课堂案例 3-1】 用 while 语句统计 n!，n!＝1×2×3×…×n，输入 n 的值，计算结果。

```
#include<stdio.h>
int main()
{
    int n,i=1,f=1;
    printf("请输入 n 的值:\n");
    scanf("%d",&n);
    while(i<=n)
    {
        f=f*i;
        i++;
    }
    printf("%d!=%d\n",n,f);
    return 0;
}
```

运行结果：

```
请输入 n 的值:
5↙
5!=120
```

【注意】 n 的值不要太大，避免 n! 的值溢出 int 数据类型的表示范围。

【课堂案例 3-2】 某学校期末考试成绩统计，要统计每个班中学生 4 门课程的总成绩，并输出。注：本班有 40 名学生。讨论如何统计。

```
#include<stdio.h>
int main()
{
float score1,score2,score3,score4,score5,sum;
int i=1;                                    //设整型变量 i 初值为 1
while(i<=40)                                //当 i 的值小于或等于 40 时执行花括号内的语句
{
printf("请输入第%d 个学生的成绩,中间用逗号分隔:\n",i);
scanf("%f,%f,%f,%f",&score1,&score2,&score3,&score4);
//输入 4 门课程的成绩
sum=score1+score2+score3+score4;           //计算课程的总成绩
printf("该学生的总成绩 sum=%.2f\n",sum);   //输出课程的总成绩
i++;                                        //每执行完一次循环使 i 的值加 1
}
return 0;
}
```

运行结果：

```
请输入第 1 个学生的成绩,中间用逗号分隔:
64,84,74,95
该学生的总成绩 sum=317.00
请输入第 2 个学生的成绩,中间用逗号分隔:
96,85,74,93
该学生的总成绩 sum=348.00
请输入第 3 个学生的成绩,中间用逗号分隔:
81,65,74,92
该学生的总成绩 sum=312.00
请输入第 4 个学生的成绩,中间用逗号分隔:
…
```

任务 3.2　do…while 语句的应用

do…while 语句的特点：先无条件地执行循环体，然后判断循环条件是否成立。

一般形式为：

```
do
    循环体语句
while (表达式);
```

【课堂案例 3-3】 用 do…while 循环语句求 1＋2＋3＋…＋100。

【解题思路】

```
#include<stdio.h>
int main()
{   int i,sum=0;
    i=1;
```

```
    do
    {
        sum=sum+i;
        i++;
    }while(i<=100);
    printf("%d\n",sum);
}
```

【说明】 通过 do…while 循环语句的应用,对比 while 与 do…while 两种循环,若循环体语句相同,起始条件成立,则二者的结果是等价的。

【课堂案例 3-4】 募集慈善基金 10000 元,有若干人捐款,每输入一个人的捐款数后,就计算当时的捐款总和。当某一次输入捐款数后,总和达到或超过 10000 元时,即宣告结束,输出最后的累加捐款总额。

【解题思路】 设计一个循环结构,在其中输入捐款数,求出累加值,然后检查此时的累加值是否达到或超过预定值,如果达到了,就结束循环操作。

```
#include<stdio.h>
int main()
{   float amount,sum=0;
    do
    {
      scanf("%f",&amount);
      sum=sum+amount;
    }while(sum<10000);
    printf("捐款结束,共捐款%9.2f 元\n",sum);
}
```

【课堂案例 3-5】 求 $S_n=a+aa+aaa+\cdots+aa\cdots a$(n 个 a)的值,其中 a 是一个数字,n 表示 a 的位数,n 和 a 由键盘输入。例如 2+22+222+2222+22222(此时 n=5)。

```
#include<stdio.h>
int main()
{
int  n,t=0,i,sum=0,a;
scanf("%d %d",&n,&a);                    //n 为位数,a 为数字
for(i=1; i<=n; i++) {                    //执行次数为位数
t=t * 10+a;
sum=sum+t;
}
printf("%d\n",sum);
return 0;
}
```

注意 while 与 do…while 语句的使用区别:

while 语句是先判断,再执行循环语句,有可能循环语句一次都没有被执行到;do…while 语句是先执行一次循环语句,再进行判断,循环语句至少执行一次。

任务 3.3　for 语句的应用

C 语言中还提供了 for 语句用于解决循环问题，for 语句的使用相对灵活、方便，可以代替 while 语句。

1. for 语句的一般形式

for 语句的一般形式为：

```
for(表达式 1;表达式 2;表达式 3)语句
```

(1) 表达式 1 表示设置初始值，只执行一次。可以对循环变量赋初值，也可以对其他变量赋初值，如果有多条赋初值的语句，中间用逗号隔开。

```
int i,sum;
for(i=1,sum=0;i<=100;i++)
```

(2) 表达式 2 是循环执行的条件，当结果为真时，执行循环体语句。

(3) 表达式 3 为使循环趋于结束的表达式，如循环变量的增值等。

它的执行过程如下：

(1) 求解表达式 1。

(2) 求解表达式 2，若其值为真(非 0)，则执行 for 语句中指定的内嵌语句，然后执行下面第(3)步；若其值为假(0)，则结束循环，转到第(5)步。

(3) 求解表达式 3。

(4) 转回上面第(2)步继续执行。

(5) 循环结束，执行 for 语句下面的一个语句。

其执行过程可用图 3-1 表示。

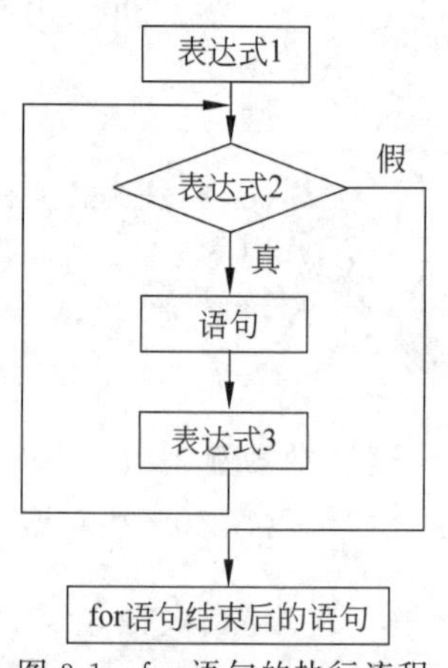

图 3-1　for 语句的执行流程

【注意】

(1) for 循环中的“表达式 1”(循环变量赋初值)、“表达式 2”(循环条件)和“表达式 3”(循环变量增量)都是选择项，可以省略，但“;”不能省略。

(2) 表达式 1 省略时，表示在 for 语句中不对变量赋初值，此时如果需要赋初值，则在 for 语句前进行赋值。

```
int i=1,sum=0;
for(;i<=100;i++)
sum+=i;
```

(3) 表达式 2 中的表达式可以是关系表达式、逻辑表达式、数值表达式或字符表达式。

```
char c;
for(;(c=getchar())!='\n';)
putchar(c);
```

表达式 2 省略时，表示无条件运行，此时如果不设置循环结束的条件将成为死循环。

```
int i=2,sum=0;
for(;;i++)
sum+=i;
```

等价于：

```
int i=2,sum=0;
while(1)
{
sum+=i;
i++;
}
```

若无其他结束语句，将成为死循环，可以在循环体中添加 break 语句结束循环。

(4) 表达式 3 可以是一条语句，也可以是多条语句，中间用逗号隔开。

```
int i=1,sum=0;
for(;i<=100;sum+=i,i++)
```

表达式 3 省略时，应在循环体中添加使循环趋于结束的语句。

```
int i=1,sum=0;
for(;i<=100;)
{
sum+=i;
i++;
}
```

以上的语句如果在循环体中没有 i++ 语句，则没有使循环趋于结束的操作，成为死循环。

【课堂案例 3-6】 求解表达式 1－3＋5－7＋9－11＋…－99 的结果。

【分析】 规律是每个操作数均为奇数，而操作符＋、－交替。

```
#include<stdio.h>
int main()
{
    int i=1,sum=0,t=-1;
    for(;i<=99;i+=2)
    {
        t=-t;                    //分析:i=1时,t=1;i=3时,t=-1;i=5时,t=1,以此类推
        sum=sum+i*t;
    }
    printf("sum=%d\n",sum);
    return 0;
}
```

运行结果：

```
sum=-50
```


2. 几种循环的比较

(1) 对于 while 和 do…while 循环，循环体中应包括使循环趋于结束的语句。for 语句功能最强，一般在表达式 3 中包括使循环趋于结束的语句，也可在循环体中，相对灵活。

(2) 用 while 和 do…while 循环时，循环变量初始化的操作应在 while 和 do…while 语句之前完成，而 for 语句可以在“表达式 1”中实现循环变量的初始化。

【课堂案例 3-7】 输入一个整数，将所有的因数输出。

【分析】 一个整数中从 1 开始进行判断，只要取余结果为 0，就是该整数的因数。

```
#include<stdio.h>
int main()
{
int x,i;
printf("请输入一个整数:\n");
scanf("%d",&x);
printf("%d的因数是:",x);
for(i=1;i<=x;i++)
if(x%i==0)
printf("%3d",i);
return 0;
}
```

运行结果：

```
请输入一个整数:
18
18的因数是:  1  2  3  6  9 18
```

3. 多重循环

循环结构跟分支结构一样，都可以实现嵌套。循环的嵌套即循环中又有循环，执行时，先执行外循环一步，再执行内循环；再执行外循环一步，再执行内循环；以此类推，直到外循环完全结束。

【课堂案例 3-8】 输出以下图案。

```
*
**
***
****
```

【分析】 一共有 4 行，每行输出不同的 * 个数。

第一行，1 个 *。

第二行，2 个 *。

第三行，3 个 *。

……

得出：第 i 行有 i 个 * 。

```
#include<stdio.h>
int main()
{
  int i,j;
  for(i=1;i<=4;i++)
  {
    for(j=1;j<=i;j++)        //内循环,表示第 i 行有 i 个 *
    printf("*");
    printf("\n");            //每行输出完成后,打印一个换行符,即每个内循环结束后执行
  }
  return 0;
}
```

思考：用“ * ”输出以下的菱形图案。

```
   *
  ***
 *****
*******
 *****
  ***
   *
```

```
#include<stdio.h>
int main()
{int i,j,k;
for(i=1;i<=4;i++)
{
for(j=1;j<=4-i;j++)
printf(" ");
for(k=1;k<=2*i-1;k++)
printf("*");
printf("\n");}
for(i=1;i<=3;i++)
{
for(j=1;j<=i;j++)
printf(" ");
for(k=1;k<=7-2*i;k++)
printf("*");
printf("\n");
}
}
```

【课堂案例 3-9】 打印九九乘法表。

九九乘法表,效果如下：

1*1=1
1*2=2　2*2=4
1*3=3　2*3=6　3*3=9
1*4=4　2*4=8　3*4=12　4*4=16
1*5=5　2*5=10　3*5=15　4*5=20　5*5=25
1*6=6　2*6=12　3*6=18　4*6=24　5*6=30　6*6=36
1*7=7　2*7=14　3*7=21　4*7=28　5*7=35　6*7=42　7*7=49
1*8=8　2*8=16　3*8=24　4*8=32　5*8=40　6*8=48　7*8=56　8*8=64
1*9=9　2*9=18　3*9=27　4*9=36　5*9=45　6*9=54　7*9=63　8*9=72　9*9=81

可以通过循环嵌套来实现,如果将每个表达式看成 i*j,那么第一行是 i=1、j<=i,第二行是 i=2、j<=i,以此类推。

```
#include<stdio.h>
int main()
{
int i,j;
for (i = 1; i <= 9; i++)
{
    for (j = 1; j <= i; j++)
      printf("%d*%d=%-4d", j, i,i*j);
    printf("\n");
}
return 0;
}
```

其中有两点需要注意,首先是 %-4d,这里的-表示左对齐,因为默认是右对齐,里面的 4 表示占 4 个字符;其次是在每一次循环结束之后会打印一个回车符号以换行。

任务 3.4　break 语句与 continue 语句的应用

1. break 语句

当 break 关键字用于 while、for 循环时,会终止循环而执行整个循环语句后面的代码。break 关键字和 if 语句一起使用,即满足条件时便跳出循环。

一般形式为:

```
break;
```

【注意】 break 语句不能用于循环语句和 switch 语句之外的任何其他语句中。

【课堂案例 3-10】 输入一个整数,找出该整数中最小的因数(1 以外),并输出。

```
#include<stdio.h>
int main()
```

```
{
    int n,i,k;
    printf("请输入一个整数:\n");
    scanf("%d",&n);
    for(i=2;i<=n;i++)
    if(n%i==0)
    {
        k=i;
        break;
    }
    printf("整数%d的最小因数为(1除外):%d\n",n,k);
    return 0;
}
```

运行结果：

```
请输入一个整数:
9↙
整数 9 的最小因数为(1 除外):3
```

【课堂案例 3-11】 使用 while 循环计算 1＋2＋…＋100 的值，利用 break 语句实现。

```
#include<stdio.h>
int main(){
int i=1, sum=0;
while(1){                                   //循环条件为死循环
sum+=i;
i++;
if(i>100) break;
}
printf("%d\n", sum);
return 0;
}
```

运行结果：

```
5050
```

while 循环条件为 1，是一个死循环。当执行到第 100 次循环的时候，计算完 i＋＋后 i 的值为 101，此时 if 语句的条件 i＞100 成立，执行 break 语句，结束循环。

在多层循环中，一个 break 语句只向外跳一层。例如，输出一个 4×4 的整数矩阵。

```
#include<stdio.h>
int main(){
    int i=1, j;
    while(1){                               //外层循环
        j=1;
        while(1){                           //内层循环
```

```
            printf("%-4d", i*j);
            j++;
            if(j>4) break;                    //跳出内层循环
        }
        printf("\n");
        i++;
        if(i>4) break;                        //跳出外层循环
    }
return 0;
}
```

运行结果：

```
1  2  3   4
2  4  6   8
3  6  9   12
4  8  12  16
```

当 j>4 成立时，执行 break，跳出内层循环；外层循环依然执行，直到 i>4 成立，跳出外层循环。内层循环共执行了 4 次，外层循环共执行了 1 次。

2. continue 语句

continue 语句只用在 while、for 循环中，常与 if 条件语句一起使用，判断条件是否成立。continue 语句的作用是跳过循环体中剩余尚未执行的语句而强制进入下一次循环。

一般形式：

```
continue;
```

【课堂案例 3-12】 把 100～200 的奇数输出。

```
#include<stdio.h>
int main()
{
int n;
for(n=100;n<=200;n++)
{
if(n%2==0)
continue;
printf("%d",n);
}
}
```

【说明】 当 n 能被 2 整除时，执行 continue 语句，结束本次循环(跳过 printf()函数语句)，只有 n 不能被 2 整除时才执行 printf()函数。

【课堂案例 3-13】 输入一串数字，除 4 和 5 外，其他都原样打印输出。

```
#include<stdio.h>
int main(){
```

```
char c = 0;
while(c!='\n')                          //按 Enter 键结束循环
c=getchar();
if(c=='4' || c=='5'){                   //按的是数字键 4 或 5
continue;                               //跳过当次循环,进入下一次循环
putchar(c);
}
return 0;
}
```

运行结果：

```
0123456789↙
01236789
```

开始,变量 c 的值为 0,即为'\0',循环条件 c!='\n'成立,开始第一次循环。getchar() 使程序暂停执行,等待用户输入,直到用户按 Enter 键才开始读取字符。

本例我们输入的是 0123456789,当读取到 4 或 5 时,if 的条件 c=='4'||c=='5'成立,就执行 continue 语句,结束当前循环,直接进入下一次循环,也就是说 putchar(c)不会被执行到。而读取到其他数字时,if 的条件不成立,continue 语句不会被执行到,putchar(c)就会输出读取到的字符。

3. continue 语句和 break 语句的区别

break 语句与 continue 语句的对比：break 语句用来结束所有循环,循环语句不再有执行的机会;continue 语句用来结束本次循环,直接跳到下一次循环,如果循环条件成立,还会继续循环。

任务实现

结合所学的循环知识,完成信息的输出。

学号	数据结构	高等数学	C 语言
1	85	74	96
2	84	82	91
3	88	75	95

【分析】 通过查看输出内容,明确要输入的学生成绩信息及条目个数,确定循环次数及要输入的内容。

实现的功能代码如下。

方法一：不使用循环。

```
#include<stdio.h>
#include<string.h>
int main()
{
    int sno1,score11,score12,score13;
```

```
    int sno2,score21,score22,score23;
    int sno3,score31,score32,score33;
    printf("请输入学生的基本信息:\n 学号\t 数据结构    高等数学    C 语言\n");
    scanf("%d%d%d%d",&sno1,&score11,&score12,&score13);
    scanf("%d%d%d%d",&sno2,&score21,&score22,&score23);
    scanf("%d%d%d%d",&sno3,&score31,&score32,&score33);
    printf("学生的成绩信息如下:\n") ;
    printf("学号\t 数据结构\t 高等数学\tC 语言\n");
    printf("%d\t%d\t\t%d\t\t%d\n",sno1,score11,score12,score13);
    printf("%d\t%d\t\t%d\t\t%d\n",sno2,score21,score22,score23);
    printf("%d\t%d\t\t%d\t\t%d\n",sno3,score31,score32,score33);
    return 0;
}
```

由上可知,不使用循环结构,会导致变量个数增加,且冗余语句较多,相对复杂,不建议使用此种方法。

方法二:使用循环结构(借助数组结构,在项目 4 中将详细讲解)。

```
#include<stdio.h>
#include<string.h>
int main()
{
    int sno[3],score1[3],score2[3],score3[3];
    int i;
    printf("请输入学生的基本信息:\n 学号\t 数据结构    高等数学    C 语言\n");
    for(i=0;i<3;i++)
    scanf("%d%d%d%d",&sno[i],&score1[i],&score2[i],&score3[i]);
    printf("学生的成绩信息如下:\n") ;
    printf("学号\t 数据结构\t 高等数学\tC 语言\n");
    for(i=0;i<3;i++)
    printf("%d\t%d\t\t%d\t\t%d\n",sno[i],score1[i],score2[i],score3[i]);
    return 0;
}
```

【分析】 这里将每一列数据通过一个数组进行数据的存储,利用循环依次输出每一个数组元素,简化了方法一中的部分重复语句。

运行结果:

```
请输入学生的基本信息:
学号  数据结构  高等数学  C 语言
 1      85        74       96↙
 2      84        82       91↙
 3      88        75       95↙
学生的成绩信息如下:
学号  数据结构  高等数学  C 语言
 1      85        74       96
 2      84        82       91
 3      88        75       95
```

课后实验

实验3　循环结构程序设计

一、实验目的

1. 熟练掌握 while、do…while 和 for 循环控制语句的特点及其编程应用。

2. 掌握 break、continue 语句的功能及应用。

3. 掌握嵌套循环结构程序的设计方法。

4. 掌握循环结构程序的调试方法。

二、实验内容

1. 输入 10 个实数,输出其和、平均值及最大值(分别用 while、for 语句编程实现)。

2. 数据统计问题:从键盘输入 8 个正整数,统计其中不大于 80 的数值个数。

3. 求斐波那契数列前 40 个数。这个数列有如下特点:第 1 和第 2 个数为 1 和 1。从第 3 个数开始,该数是其前面两个数之和。即:

F(1)=1(n=1)

F(2)=1(n=2)

F(n)=F(n−1)+F(n−2)(n⩾3)

4. 输入一个正整数,判断并输出其是否为素数。

5. 输入一串字符,将其中的大写字母转换成对应的小写字母并输出。如输入:EFAB5623AB#$,则输出:efabab。

6. 从键盘输入一串字符(按 Enter 键结束),统计其中字母、数字及其他字符的个数并输出。

7. 输入一个正整数 n,求 1!+2!+…+n! 并输出。

8. 利用 for 循环,求解 300～500 的所有素数,每行输出 10 个。

9. 找规律:有一个 4 位的正整数,前两位数字相同,后两位数字相同,但前后位的数字不同;该 4 位数各个位的和加起来正好是 12 的整数倍。请根据要求求出这样的 4 位数有哪些,并输出。

10. 有 10 名评委对青年教师教学能力大赛打分,去掉一个最高分,去掉一个最低分,求每个青年教师的最后得分。

11. 假设银行一年整存零取的月息为 1.3%。现在某人手中有一笔钱,他打算在今后 5 年的每年年底取出 1500 元,到第 5 年时刚好取完,请算出他存钱时应存入多少。

三、实验指导

1. 输入 10 个实数,输出其和、平均值及最大值(分别用 while、for 语句编程实现)。

【程序指导】

(1) while 循环实现:

```
#include<stdio.h>
int main()
```

```
{
    float x,sum=0,avg=0,max;
    int i=1;
    printf("请输入 10 个浮点型的数:\n");
    scanf("%f",&x);
    max=x;
    while (i<=9)
    {
        scanf("%f",&x);
        sum=sum+x;
        if (x>max)
            max=x;
        i=i+1;
    }
    avg=sum/10;
    printf("和为:%.2f\n 平均值为:%.2f\n 最大值为:%.0f\n",sum,avg,max);
    return 0;
}
```

（2）for 循环实现：

```
#include<stdio.h>
int main()
{
    float x,sum=0,avg=0,max;
    int i;
    printf("请输入 10 个浮点型的数:\n");
    scanf("%f",&x);
    max=x;
    for(i=1;i<=9;i++)
    {
        scanf("%f",&x);
        sum=sum+x;
        if (x>max)
        max=x;
    }
    avg=sum/10;
    printf("和为:%.2f\n 平均值为:%.2f\n 最大值为:%.0f\n",sum,avg,max);
    return 0;
}
```

运行结果：

```
请输入 10 个浮点型的数:
84.5
65
87
65.5
67.5
```

```
84
72
45
65
85
和为:636.00
平均值为:63.60
最大值为:87
```

2. 数据统计问题：从键盘输入 8 个正整数,统计其中不大于 80 的数值个数。

【程序指导】

```
#include<stdio.h>
int main()
{
int i,x,n=0;
printf("请输入 8 个正整数,中间用空格隔开:\n");
for(i=1;i<=8;i++)
{
scanf("%d",&x);
if(x<=80)
{
n++;
if(n==1) printf("不大于 80 的数值有:\n");
printf("%d ",x);
}
}
printf("\n 完成统计,共有%d 个符合条件的整数\n",n);
return 0;
}
```

运行结果：

```
请输入 8 个正整数,中间用空格隔开:
52 74 71 85 96 53 74 84
不大于 80 的数值有:
52 74 71 53 74
完成统计,共有 5 个符合条件的整数
```

3. 求斐波那契数列前 40 个数。这个数列有如下特点：第 1 和第 2 个数为 1 和 1。从第 3 个数开始,该数是其前面两个数之和。即：

F(1)=1(n=1)

F(2)=1(n=2)

F(n)=F(n−1)+F(n−2)(n≥3)

【程序指导】

```
#include<stdio.h>
int main()
```

```
{
long int f1,f2;
int i;
f1=1;f2=1;/*初始化前两个数*/
for(i=1;i<=20;i++)
{
printf("%12ld%12ld",f1,f2);
if(i%2==0)printf("\n");
f1=f1+f2;
f2=f2+f1;
}
}
```

【说明】 每个循环输出两个数,if(i%2==0)printf("\n");表示每两个循环输出一个换行,即每4个数一行;数据定义为long类型,是因为后面的斐波那契数列会超出int所表示的范围,因此要用长整型。

4. 输入一个正整数,判断并输出其是否为素数。

【分析】 素数是因数只有1和该数本身的整数,判断是否为素数,只需要判定是否存在1和该数本身以外的因数。

【程序指导】

```
#include<stdio.h>
int main()
{
    int n,i;
    printf("请输入一个整数:\n");
    scanf("%d",&n);
    for(i=2;i<n;i++)
    if(n%i==0)      //如果n%i==0,则说明i是n的因数,即找到了1和该数本身以外的因数
    break;
    if(i==n)
    printf("%d是素数\n",n);
    else
    printf("%d不是素数\n",n);
    return 0;
}
```

运行结果:

```
请输入一个整数:
13
13是素数
```

5. 输入一串字符,将其中的大写字母转换成对应的小写字母并输出。如输入:EFAB5623AB#$,则输出:efabab。

【程序指导】

```
#include<stdio.h>
int main()
{
char c;
int i;
printf("请输入一串字符:\n");
while((c=getchar())!='\n')
{
if(c>='A' && c<='Z')
c=c+32;
if(c>='a'&&c<='z')
putchar(c);
}
return 0;
}
```

运行结果：

```
请输入一串字符:
EFAB5623AB#$
efabab
```

6. 从键盘输入一串字符(按 Enter 键结束),统计其中字母、数字及其他字符的个数并输出。

【程序指导】

```
#include<stdio.h>
int main()
{
    int letters,space,digit,other;
    char c;
    letters=space=digit=other=0;
    while((c=getchar())!='\n')
    {
        if(c>='a'&&c<='z'||c>='A'&&c<='Z')
        letters++;
        else if(c>='0'&&c<='9')
            digit++;
        else if(c==' ')
            space++;
        else
            other++;
    }
printf("letters=%d,space=%d,digit=%d,other=%d\n",letters,space,digit,
other);
return 0;
}
```

运行结果：

```
sdjfkjYUYUY8&*&*&   7979
letters=11,space=3,digit=5,other=5
```

7. 输入一个正整数 n,求 1！+2！+…+n！并输出。

【程序指导】

方法一：

```
#include<stdio.h>
int main()
{
    int i,n,k=1,s=0;
    scanf("%d",&n);
    for(i=1;i<=n;i++)
    {
        k*=i;
        s+=k;
    }
    printf("s=%d",s);
    return 0;
}
```

方法二：

```
#include<stdio.h>
int main()
{
    int i=1,n,k=1,s=0;
    scanf("%d",&n);
    while(i<=n)
    {
        k*=i;
        s+=k;
        i++;
    }
    printf("s=%d",s);
    return 0;
}
```

方法三：

```
#include<stdio.h>
int main()
{
    int i=1,n,k=1,s=0;
    scanf("%d",&n);
    do
    {
```

```
        k*=i;
        s+=k;
        i++;
    }
    while(i<=n);
    printf("s=%d",s);
}
```

运行结果：

```
5
s=153
```

8. 利用 for 循环，求解 300～500 的所有素数，每行输出 10 个。

【程序指导】

```
#include<stdio.h>
#include<math.h>        //用到了 sqrt()函数，需要使用 math 函数库
int main()
{
int m,i,k,n=0;
for(m=300;m<=500;m++)
{
k=sqrt(m);
for(i=2;i<=k;i++)
if(m%i==0)
break;
if(i>=k+1)              //如果 i<=k，说明中间没有执行到 break 语句，即 m%i==0 不成立，
                        //也就是除 1 和它本身外，没有其他因数
{
printf("%4d",m);
n=n+1;
if(n%10==0)
printf("\n");
}
}
return 0;
}
```

运行结果：

```
307 311 313 317 331 337 347 349 353 359
367 373 379 383 389 397 401 409 419 421
431 433 439 443 449 457 461 463 467 479
487 491 499
```

9. 找规律：有一个 4 位的正整数，前两位数字相同，后两位数字相同，但前后位的数字不同；该 4 位数各个位的和加起来正好是 12 的整数倍。请根据要求求出这样的 4 位数有

哪些,并输出。

【程序指导】

```
#include<stdio.h>
int main()
{
int i,j,k,c;
for(i=1;i<=9;i++)                         //i:前两位的取值
for(j=1;j<=9;j++)                         //j:后两位的取值
if(i!=j)                                  //判断二位数字是否不同
{
k=i+i+j+j;                                //计算出可能的整数
c=i*1000+i*100+j*10+j;
if(k%12==0)                               //判断该数是否整除 12
printf("4 位数是%d\n",c);
}
return 0;
}
```

运行结果:

```
4 位数是 1155
4 位数是 2244
4 位数是 3399
4 位数是 4422
4 位数是 4488
4 位数是 5511
4 位数是 5577
4 位数是 7755
4 位数是 8844
4 位数是 9933
```

10. 有 10 名评委对青年教师教学能力大赛打分,去掉一个最高分,去掉一个最低分,求每个青年教师的最后得分。

【程序指导】

```
#include<stdio.h>
#include<math.h>
int main()
{
int i = 0;
float x, y,sum=0.0, max=-1.0, min=101.0;
//设置 max 为-1.0,min 为 101.0,保证输入的成绩值一定能小于 min,大于 max
printf("请输入 10 位评委打分:\n");
for(i = 1; i <=10; i++)
{
scanf("%f", &x);
if(x<=0 || x>100)
//保证得到的分数是有效成绩,避免失误出现负分或者大于 100 的分数
```

```
{
    while(1)
    {
    printf("请输入 0~100 的成绩值:\n");
    scanf("%f",&x);
    if(x>0 && x<101)
    break;
    }
}
y=x;
if(y>max) max = y;
if(y<min) min = y;
sum+=y;
}
sum=sum-max-min;
printf("\n 去掉一个最高分%4.3f, 去掉一个最低分%4.3f, 选手最终得分为%4.3f\n",max,
min, sum /8.0);
return 0;
}
```

运行结果：

```
请输入 10 位评委打分:
-85
请输入 0~100 的成绩值:
74.5
72
73
75.5
85.5
96
87.7
83.5
87
102
请输入 0~100 的成绩值:
102
请输入 0~100 的成绩值:
-1
请输入 0~100 的成绩值:
100

去掉一个最高分 100.000, 去掉一个最低分 72.000, 选手最终得分为 82.838
```

11. 假设银行一年整存零取的月息为 1.3%。现在某人手中有一笔钱，他打算在今后的 5 年中的年底取出 1500 元，到第 5 年时刚好取完，请算出他存钱时应存入多少？

【分析】 每一年的年底取钱，在第 5 年的年底取出 1500 元后，钱数为 0，则第 5 年年初的钱数为(0＋1500)/(1＋0.013×12)，第 4 年年初的钱数为(第 4 年年底的钱数＋1500)/(1＋0.013×12)，所以每一年年初的钱数为每一年年底的钱数＋1500，然后除以(1＋0.013×12)得到的钱数。

【程序指导】

```
#include<stdio.h>
int main()
{
    int i;
    float total=0;
    for(i=5;i>=1;i--)                          /*i为年数,取值为0~4*/
    total=(total+1500)/(1+0.0063*12);          /*累计算出年初存款数额,当i的值为1时,
                                                  即为第一年年初存入的金额数*/
    printf("应存入: %.2f元。\n",total);
    return 0;
}
```

运行结果：

```
应存入: 6059.17元。
```

四、实验思考

1. C 程序可以用几种方法实现循环结构?
2. 简述 break 与 continue 语句使用的区别。
3. 简述 for 循环中的几个表达式的使用规则。

项目 4 “学生选课系统”课程信息存储

学习目标

1. 掌握数组的定义与初始化。
2. 掌握字符数组在实际中的应用。
3. 掌握二维数组的定义与初始化。
4. 掌握字符串在 C 语言中的处理方法。

项目内容分析——课程信息存储

在 C 语言中,没有字符串的数据类型,所有的字符串都按照字符数组处理,所以遇到字符串就要按照字符数组的规则进行处理。字符数组就是用来存放字符数据的数组,每个数组元素中存放一个字符。涉及数组的相关知识点,在本项目中进行巩固学习。

任务说明

在“学生选课系统”中,涉及多个信息存储,如课程信息、教师信息、学生信息等,每个信息中都包含很多字符串信息,效果如图 4-1 所示。

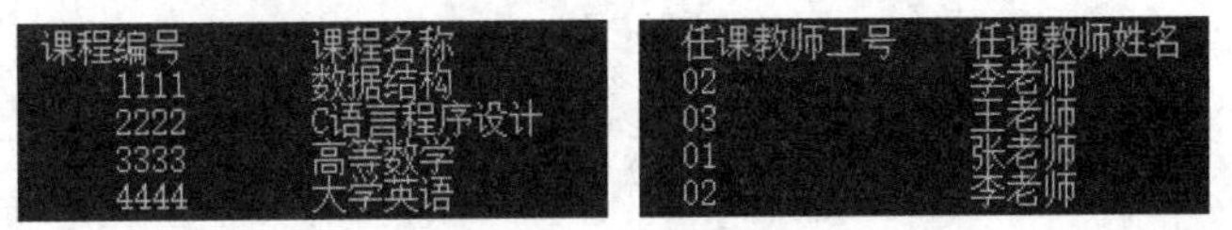

课程编号 课程名称
1111 数据结构
2222 C语言程序设计
3333 高等数学
4444 大学英语
任课教师工号 任课教师姓名
02 李老师
03 王老师
01 张老师
02 李老师

图 4-1 信息展示

在以上信息中,课程名称、任课教师工号、任课教师姓名等信息属于字符串信息,按照之前所学的知识,目前普通变量无法存储这些字符串,需要借助字符数组这一结构来进行存储。在程序设计中,为了处理方便,把具有相同类型的若干变量按有序的形式组织起来。这些按顺序排列的同类数据元素的集合称为数组。数组可以存储数值数据、字符数据以及其他类型的数据(如结构体,后期再进行学习),常与循环结构结合使用,能够大幅提高效率。本项目重点学习一维数组、二维数组、字符数组的应用。

知识点巩固

要完成该界面设计,需要掌握数组相关知识,包括数组的定义、数组元素的引用、数组的应用,重点学习一维数组、二维数组以及字符数组在实际中的应用。

任务4.1　一维数组

1. 一维数组的定义

一维数组的定义格式为：

```
类型说明符  数组名[常量表达式];
```

例如：

```
int  a[10];                          //注意是[],不是其他符号
```

它表示定义一个整型数组，数组名为 a，该数组有 10 个元素。

【说明】

(1) 数组名的命名规则应遵循标识符定义规则。

(2) 定义数组时，通过常量表达式指定数组的长度。

(3) 常量表达式中可以是常量或符号常量，但不能是变量。C 语言中数组的长度是固定的，在定义时就确定了，不可以更改，变量在运行期间是允许变化的，所以不能在数组长度中使用变量定义。例如，下面这样定义数组是不行的：

```
int n=5;
int a[n];                            //错误,n为变量
```

(4) 一维数组在内存中是占用连续的单元的，且数组名就是数组首地址。

2. 一维数组元素的引用

数组中的每一个数组元素，相当于普通变量，也是一个存储单元，只不过是一组连续的存储单元，其赋值规则与变量相同。

数组元素的引用方式：

```
数组名[下标]
```

下标可以是整型常量、变量或整型表达式。例如：

```
a[2]=a[0]+a[1]; a[i]=a[i]+2;
```

注意下标是从 0 开始的。例如：

```
int a[10];
```

以上数组包含 10 个元素，这 10 个元素是 a[0]、a[1]、a[2]、a[3]、a[4]、a[5]、a[6]、a[7]、a[8]、a[9]。该数组中不存在数组元素 a[10]。

【注意】 定义数组时，数组的长度必须是常量或常量表达式，不能为变量；数组元素通过下标引用时，数组名[下标]的形式中，下标可以是变量，要注意区分在数组元素引用时的下标值和定义数组长度的表达式值。在定义数组时，数组元素在未赋值、未初始化的情况

下，数组元素的值是未知的、不可预料的值。

3. 一维数组的初始化与赋值

(1) 在定义数组时，对数组元素全部赋以初值。例如：

```
int a[10]={0,1,2,3,4,5,6,7,8,9};
```

将数组元素的初值依次放在一对花括号内。经过初始化之后，对数组各元素进行了赋值。

```
a[0]=0,a[1]=1,a[2]=2,a[3]=3,a[4]=4,a[5]=5,
a[6]=6,a[7]=7,a[8]=8,a[9]=9。
```

这时，因为数组的长度个数已经确定，所以数组长度可以省略。

例如：

```
int a[5]={1,2,3,4,5};
```

也可以写成

```
int a[]={1,2,3,4,5};
```

(2) 可以只给一部分元素赋值。例如：

```
int a[10]={0,1,2,3,4};
```

定义 a 数组有 10 个元素，但花括号内只提供 5 个初值，这表示只给前面 5 个元素赋初值，后 5 个元素值为 0。当只给一部分元素赋初值时，数组的长度不可以省略。

如果想使一个数组中的全部元素值为 0，可以写成：

```
int  a[10]={0,0,0,0,0,0,0,0,0,0};
```

或

```
int a[10]={0};
```

【课堂案例 4-1】 根据输入的年份和月份，输出这个月份共有多少天。例如，输入年份 2000，月份 2 月，则应输出 29 天。

```
#include<stdio.h>
int main()
{
    int day[12]={31,28,31,30,31,30,31,31,30,31,30,31} ;
    int month,year,days;
    printf("请输入年份:\n");
    scanf("%d",&year);
    printf("请输入月份:\n");
```

```
    scanf("%d",&month);
    //判定月份是否为二月,是二月的话,需要判定是否为闰年
    if(month==2)
    {
        if(year%400==0)
            //闰年,天数为 29 天
        days=29;
        else
        {
            if(year%4==0)
            {
                if(year%100==0)
                days=28;
                else
                days=29;
            }
            else
            days=28;
        }
    }
    else
    days=day[month-1];
    printf("%d年%d月有%d天\n",year,month,days);
    return 0;
}
```

运行结果：

```
请输入年份:
2000↙
请输入月份:
2↙
2000年2月有29天
```

【课堂案例 4-2】 输入 10 个数字并输出最大值。

```
#include<stdio.h>
int main(){
    int i,max,a[10];
    printf("input 10 numbers:\n");
    for(i=0;i<10;i++)
    scanf("%d",&a[i]);
/*在程序执行过程中,对数组元素作动态赋值。结合循环语句利用 scanf()函数逐个对数组元素赋值*/
    max=a[0];
         /*将数组中的第一个元素赋值给 max,然后用 max 依次和后边的各个元素进行比较*/
      for(i=1;i<10;i++)
        if(max<a[i]) max=a[i];
          printf("最大值=%d\n",max);
```

```
        return 0;
}
```

【课堂案例 4-3】 求斐波那契数列中的前 20 个数,并输出,每行显示 5 个。

斐波那契数列公式:已知 $A_1=A_2=1, A_n=A_{n-1}+A_{n-2}$,即 1,1,2,3,5,8,13…

程序实例:

```
#include<stdio.h>
int main()
{
int i, f[20]={1,1};
  /* 此时 f 数组被部分初始化,前两个数均为 1,剩余的 18 个数分别赋值为 0 */
for(i=2;i<20;i++)
f[i]=f[i-2]+f[i-1];
for(i=0;i<20;i++)
  if(i%5==0) printf("\n");
  printf("%4d",f[i]);
  /* 程序结束 */
return 0;
}
```

思考:在实验 3 的第 3 题中,循环输出斐波那契数列中的每一个元素与本案例有何不同?

任务 4.2　二 维 数 组

1. 二维数组的定义

一个数组的每一个元素又是类型相同的一维数组,这个数组即为二维数组。

数组的类型相同是指数组长度、元素类型相同。为了便于理解二维数组的逻辑结构,把二维数组常称为矩阵,写成行、列的形式。

定义格式:

```
类型标识符　数组名[行数][列数];
```

例如:

```
int b[4][3];
```

定义了一个 4×3 的数组 b,即数组为 4 行 3 列,可存放 12 个整型数据。

例如:

```
float a[2][3];
```

定义了一个 2×3 的数组 a,即数组为 2 行 3 列,可存放 6 个实型数据。

数组 a 的 6 个元素如下:

a[0][0]　a[0][1]　a[0][2]

a[1][0]　a[1][1]　a[1][2]

2. 二维数组的引用

二维数组元素的引用形式：

```
数组名[下标1][下标2]
```

下标1称第一维下标(或称行)，下标2称第二维下标(或称列)。下标均从0开始编号。二维数组的每一个元素都可以作为一个变量来使用。例如：

```
printf("%d",a[0][0]);                    //输出数组中第一行第一列的数据
scanf("%d",&a[1][1]);                    //给第二行第二列的数组元素赋值
```

【课堂案例4-4】 二维数组元素的输入与输出。

```
#include<stdio.h>
int main()
{
  int a[2][3],i,j;
  printf("\n请输入数组a,2行3列数据:\n");
  for (i=0;i<2;i++)
   for (j=0;j<3;j++)
    scanf("%d", &a[i][j]);/*输入数据*/
    printf("\n数组a的内容如下:\n");
      for (i=0;i<2;i++)
      {
        for (j=0;j<3;j++)               /*输出一行共3个元素*/
        printf("%4d",a[i][j]);
        printf("\n");                   /*输出一行后换行,再输出下一行*/
    }
      return 0;
}
```

运行结果：

```
请输入数组a,2行3列数据:
2 4 6
7 9 0

数组a的内容如下:
2   4   6
7   9   0
```

对二维数组的输入输出多使用二层的循环结构来实现，外层处理行，内层处理列。

3. 二维数组的初始化

(1) 分行给二维数组全部赋初值，每个花括号内的数据对应一行元素。例如：

```
int a[2][3]={{1,2,3},{2,3,4}};
```

(2) 将所有初值写在一个花括号内，顺序给各元素赋值。例如：

```
int a[2][3]={1,2,3,2,3,4};
```

(3) 只对部分元素赋值，没有初值时对应的元素赋 0 值或空字符(字符数组)。例如：

```
int a[2][3]={{1,2},{4}};
```

(4) 给全部元素赋初值时可不指定第一维大小，其长度由系统根据初值数目与列数(第二维)自动确定，第二维的大小即列的长度不能省略。例如：

```
int a[][3]={1,2,3,4,5,6};
int a[][3]={{0},{0,5}};
```

对部分元素赋初值时，如果分行赋初值，也可以省略第一维的长度。例如：

```
int a[][3]={{1,2},{3,4,0}};
```

【课堂案例 4-5】 用如下的 3×3 矩阵初始化数组 a[3][3]，并求矩阵的转置矩阵。

$$\begin{bmatrix}1 & 2 & 3\\4 & 5 & 6\\7 & 8 & 9\end{bmatrix} \Rightarrow \begin{bmatrix}1 & 4 & 7\\2 & 5 & 8\\3 & 6 & 9\end{bmatrix}$$

方法：转置矩阵是将原矩阵元素按行列互换形成的。

程序如下：

```
#include<stdio.h>
int main()
{
int i,j,k;
int a[3][3]={1,2,3,4,5,6,7,8,9};
for (i=0;i<3;i++)
 for(j=0;j<i;j++)
 {//转置
  k=a[i][j];
  a[i][j]=a[j][i];
  a[j][i]=k;
 }
 for (i=0;i<3;i++)
 {
 for(j=0;j<3;j++)
    printf("%6d",a[i][j]);
          printf("\n");
 }
return 0;
}
```

运行结果：

```
1    4    7
2    5    8
3    6    9
```


【课堂案例 4-6】 有如表 4-1 所示的成绩信息，要求求出各学生的总成绩和平均成绩，并输出。

表 4-1 成绩信息

姓　名	课程 1	课程 2	课程 3	总成绩	平均成绩
张晓	84.5	83	82		
赵新	88.5	80	84		
李慧	81	83	84		

程序如下：

```
#include<stdio.h>
int main()
{
    float score[3][3]={{84.5,83,82},{88.5,80,84},{81,83,84}};
    int i,j;
    float sum;
    for(i=0;i<3;i++)
    {
      sum=0;
      for(j=0;j<3;j++)
          sum+=score[i][j];
      printf("第%d个学生的总成绩是%.2f,平均成绩是%.2f\n",i+1,sum,sum/3.0);
      }
return 0;
}
    /*这里只求各个成绩值,暂不输入学生姓名*/
```

运行结果：

```
第1个学生的总成绩是249.50,平均成绩是83.17
第2个学生的总成绩是252.50,平均成绩是84.17
第3个学生的总成绩是248.00,平均成绩是82.67
```

思考：如果要求每一门课程的平均成绩，怎么实现？如何修改以上程序段？

只需要修改一行代码：

将

```
sum+=score[i][j];
```

修改为：

```
sum+=score[j][i];
```

运行结果：

```
课程 1 的平均成绩是 84.67
课程 2 的平均成绩是 82.00
课程 3 的平均成绩是 83.33
```

任务 4.3　字 符 数 组

1. 字符数组的定义

存放字符型数据的数组即为字符数组。

字符数组的定义如下：

```
char  数组名[数组长度];
```

例如，char c[5];给单个元素赋值，形式如下：

```
c[0]= 'h';c[1]='e ';c[2]='l'; c[3]='l';c[4]='o';
```

2. 字符数组的初始化

(1) 逐个字符赋给数组中各元素，全部初始化。例如：

```
char c[5]={ 'h', 'e ', 'l','l', 'o'};
```

此时，数组的长度 5 可以省略。

(2) 给字符数组元素赋初值，若字符个数小于数组长度，则未赋值的部分系统自动赋为空字符'\0'。

```
char c[10]={ 'h', 'e ', 'l','l', 'o'};                //后 5 个字符赋值为'\0'
```

【注意】 {}中的字符个数要小于或等于实际的数组长度，大于数组长度则提示语法错误。

【课堂案例 4-7】 输出一个字符数组中的元素。

```
#include<stdio.h>
int main()
{
   char c[10]={'I',' ','a','m',' ','h','a','p','p','y'};
   int i;
   for(i=0;i<10;i++)
   printf("%c",c[i]);
   printf("\n");
   return 0;
}
```

运行结果：

```
I am happy
```


3. 字符串的表示

在C语言中，字符串的基本操作使用字符数组来处理，常用字符串常量可以给字符数组初始化。例如：

```
char c[11]={"I am happy"};
```

也可以省略花括号，直接写成 char c[11]="I am happy"；。

在通过字符串常量进行初始化时，系统会自动在字符串的最后添加'\0'标记，即此时数组c的实际长度为11，数组的长度等于其后赋值的字符串长度加1。此时字符数组的长度可以省略。它与 char c[11]={'I',' ','a','m',' ','h','a ','p','p','y','\0'}；这个语句是等价的。

为了测定字符串的实际长度，C语言以字符'\0'作为字符串的结束标志。以'\0'之前的字符个数作为字符串的实际长度。'\0'代表ASCII码为0的字符，ASCII码为0的字符是一个"空操作符"，只起一个供辨别的作用。

例：

```
char c[10]={"China"};
```

数组c的前5个元素为'C','h','i','n','a'，第6～10个元素均为'\0'，均被设定为空字符。

4. 字符串的输入输出

1）%c字符

%c字符逐个字符输入输出。下面用格式符%c输入或输出一个字符。

【课堂案例4-8】 利用%c逐个输出字符数组中的各字符。

```
#include<stdio.h>
int main()
{
  int i;
  char c[]={"China"};
  for(i=0;c[i]!='\0';i++)
  printf("%c ",c[i]);                    //单个字符逐字输出
  return 0;
}
```

2）%s格式字符

%s格式字符将整个字符串一次输入或输出。

（1）输出字符串。

用%s格式字符输出字符串时，只需要提供字符串的开始位置，即首元素位置即可，从首元素位置一直输出（即使输出的字符数组元素超出了数组的边界也会输出，因为没有遇到输出标记'\0'），直到遇到第一个'\0'结束输出。例如：

```
char c[10]={"green"};
printf("%s",c);
```

以上只输出字符串的有效字符“green”,而不是输出 10 个字符,原因是数组长度为 10,字符串常量 green 后系统自动添加'\0',在输出时遇到空字符就认为字符串结束,结束输出。这也是用字符串结束标志的好处。

(2) 输入字符串。

用 scanf()函数输入一个字符串。例如:

```
char c[10];
scanf("%s",c);        //此处输入的字符个数要小于字符数组的长度,如果输入 hello 字符串,
                      //系统会自动在其后加'\0'结束符
```

【注意】 如果利用一个 scanf()函数输入多个字符串,则在输入时以空格分隔。例如:

```
char str1[5],str2[5],str3[10];
scanf("%s%s%s",str1,str2,str3);
```

输入数据:

```
Do you know?        //数组中未被赋值的元素的值自动置'\0'
```

空格用于分隔多个字符串,表示结束当前的字符串输入。

如果想要接收带空格的字符串,使用%s 就无法接收到空格以后的字符信息。例如:

```
char c[10];
scanf("%s",c);    //若输入"good luck!",则只能将 good 录入字符数组 c 中
```

(3) 如果一个字符数组中包含一个以上'\0',则遇第一个'\0'时输出就结束。

5. 常用的字符串处理函数

C 语言提供了丰富的字符串处理函数,使用这些函数可大大减轻编程工作量,使用字符串函数应包含头文件"string.h"。

1) 字符串输出函数

格式:puts(字符数组名)。

功能:把字符数组中的字符信息输出到显示器,即在屏幕上显示该字符串。

【课堂案例 4-9】 利用 puts()函数输出字符串信息。

```
#include<stdio.h>
#include<string.h>
int main()
{
    char c[]="Study hard";
    puts(c);
    return 0;
}
```

运行结果：

```
Study hard
```

由上例可以看出，puts()函数将字符串结束标记'\0'转换为'\n'，输出完成后换行。

2）字符串输入函数

格式：gets（字符数组名）。

功能：从标准输入设备键盘上输入一个字符串。gets()函数可以接收空格字符、Tab字符，以弥补%s不能接收空格的问题。

【课堂案例4-10】 利用gets()函数输入一个字符串到字符数组中。

```
#include<stdio.h>
#include<string.h>
int main()
{
    char s[15];
    printf("请输入一个长度不大于15的字符串:\n");
    gets(s);                              //输入"hello world",包含空格
    printf("你刚刚输入的字符串为:\n");
    puts(s);
    return 0;
}
```

运行结果：

```
请输入一个长度不大于15的字符串:
hello world
你刚刚输入的字符串为:
hello world
```

由上例可以看出，当输入的字符串中含有空格时，通过gets()函数可以正常接收。所以，在接收字符串信息时，不以空格作为字符串输入结束的标志，而是以回车作为输入结束的标志。gets()函数将'\n'转换成'\0'，表示字符串输入结束。

3）字符串连接函数

格式：strcat(字符数组1，字符数组2)。

功能：把字符数组2中的字符串连接到字符数组1中字符串的后面，并删除字符串1后的串标志"\0"。该函数的返回值是字符数组1的首地址。

【课堂案例4-11】 字符串连接函数举例。

```
#include<stdio.h>
#include<string.h>
int main()
{
    char s1[30]="I am ";              //要把连接结果放入s1中,要保证s1的数组长度足够大
    char s2[10];
    printf("your job is:\n");
```

```
    gets(s2);
    strcat(s1,s2);
    puts(s1);
    return 0;
}
```

运行结果：

```
your job is:
a teacher!
I am a teacher!
```

4）字符串复制函数

格式：strcpy(字符数组 1,字符数组 2)。

功能：把字符数组 2 中的字符串复制到字符数组 1 中。串结束标志“\0”也一同复制。

【课堂案例 4-12】 字符串复制函数举例。

```
#include<stdio.h>
#include<string.h>
int main()
{
    char s1[15],s2[]="example!";
    strcpy(s1,s2);                      //将 s2 中的字符信息复制到 s1 中
    puts(s1);
    return 0;
}
```

运行结果：

```
example!
```

5）字符串比较函数 strcmp()

格式：strcmp(字符数组 1,字符数组 2)。

功能：按照 ASCII 码顺序比较两个数组中的字符串,由函数返回值返回比较结果。

- 字符串 1==字符串 2,返回值=0。
- 字符串 2>字符串 2,返回值>0(值为 1)。
- 字符串 1<字符串 2,返回值<0(值为−1)。

【课堂案例 4-13】 字符串比较函数举例。

```
#include<stdio.h>
#include<string.h>
int main()
{
    int k;
    char s1[15],s2[15];
    printf("请输入 s1 和 s2 的字符串信息:\n");
```

```
    gets(s1);
    gets(s2);
    k=strcmp(s1,s2);
    if(k==0) printf("k=%d,结果:s1=s2\n",k);
    if(k>0) printf("k=%d,结果:s1>s2\n",k);
    if(k<0) printf("k=%d,结果:s1<s2\n",k);
    return 0;
}
```

运行结果:

```
请输入 s1 和 s2 的字符串信息:
game
study
k=-1,结果:s1<s2
```

本程序中把输入的字符串 s1 和 s2 进行比较,比较结果返回 k 中,根据 k 值再输出结果提示串。

6) 测试字符串长度函数 strlen()

格式:strlen(字符数组名)。

功能:测试字符串的实际长度(不含字符串结束标志'\0'),长度值作为函数返回值。

【课堂案例 4-14】 测试字符串长度函数举例。

```
#include<stdio.h>
#include<string.h>
int main()
{
    int k;
    char s[20];
    printf("请输入一个字符串信息:\n");
    gets(s);
    k=strlen(s);
    printf("s 中字符串的长度为%d\n",k);
    return 0;
}
```

运行结果:

```
请输入一个字符串信息:
work hard!
s 中字符串的长度为 10
```

C 语言提供了很多字符串处理函数,这里不一一介绍。

【课堂案例 4-15】 利用 strcmp()函数实现密码验证问题。选课系统中需要对用户身份进行验证,当输入账号和密码正确时,则登录成功;否则提示登录失败(假设用户名为 Jone,密码为 123456)。

```
#include<stdio.h>
#include<string.h>
int main()
{
    char user[20]="Jone",pwd[20]="123456";
    char s1[20],s2[20];
    printf("请输入用户名:\n");
    gets(s1);
    printf("请输入密码:\n");
    gets(s2);
    if(strcmp(s1,user)==0&&strcmp(s2,pwd)==0)
    printf("恭喜你,登录成功!\n");
    else
    printf("很遗憾,用户名或密码错误,登录失败!\n") ;

    return 0;
}
```

运行结果:

```
请输入用户名:
Jone↙
请输入密码:
123456↙
恭喜你,登录成功!
```

当输入错误的用户名和密码时,则提示错误。

运行结果:

```
请输入用户名:
Jon↙
请输入密码:
123↙
很遗憾,用户名或密码错误,登录失败!
```

任务实现

以课程编号和课程名称为例,实现课程信息的展示,利用字符数组完成。

【说明】 因涉及结构体等相关知识,这里考虑先通过字符数组简单显示信息,辅助理解相关知识点。

运行结果如下:

```
课程编号    课程名称
 1111     数据结构
 2222     C语言程序设计
 3333     高等数学
 4444     大学英语
```

【程序指导】

```
#include<stdio.h>
int main()
{
int i,j;
char c[4][5]={{"1111"},{"2222"},{"3333"},{"4444"}};
char d[4][16]={{"数据结构"},{"C语言程序设计"},{"高等数学"},{"大学英语"}};
printf("课程编号\t 课程名称\n");
for(i=0;i<4;i++)
{
printf("%s",c[i]);
printf("\t\t");
printf("%s",d[i]);
printf("\n");
}
return 0;
}
```

课后实验

实验4 数组应用

一、实验目的

1. 掌握一维、二维数组的特点及编程应用。

2. 掌握字符数组的定义、赋值和输入输出的方法及常用的字符串操作函数。

3. 掌握字符数组和字符串函数的使用。

4. 掌握程序的动态调试方法。

二、实验内容

1. 从键盘输入5个整数存放到数组中,输出这5个整数中的最大值和最小值。

2. 奇偶数问题。设一维整型数组共有20个元素(直接初始化该数据内容),且偶数与奇数各占一半,将该数组变换为2×10的二维数组且偶数和奇数各成一行。

3. 使用二维数组设计一个打印"杨辉三角形"的程序(要求输出10行)。

4. 字符分类统计问题。输入4行长度小于80的字符串(包含空格),存放到二维数组中,并分别统计每行中的字母字符、数字字符及其他字符的个数。

5. 输入一个字符串,将其按逆序存放,并输出。

6. 从键盘上输入两个字符串str1和str2,不用库函数strcat(),将str2中的内容连接到str1中,输出str1和str2。

7. 删除字符串中指定的字符后输出。例如输入字符串:aabeerdda,删除a字母后输出为:beerdd。

8. 为一个4行4列的二维数组输入整数,分别输出值为奇数、偶数的元素之和。

9. 输入10个整数到一个数组中,用选择法对这10个整数进行降序排序,并输出排序之后的数组数据。

10. 数据分类问题。向一维数组输入 10 个整数，并把所有的负数存储在数组的前面，其他数据存储在负数的后面，然后输出。

11. 在数组中进行数据查找。有 15 个数存放在一个数组中，输入一个数，要求找出该数在数组中第一次出现的位置。如果该数不在数组中，则输出“无此数”。要求：这 15 个数用赋初值的方法在程序中给出，要查找的数用 scanf()函数输入。

三、实验指导

1. 从键盘输入 5 个整数存放到数组中，输出这 5 个整数中的最大值和最小值。

【程序指导】

```
#include "stdio.h"
int main()
{
    int a[5],max,min,i;
    printf("请输入 5 个整数:\n");
    scanf("%d",&a[0]);
    max=min=a[0];
    for(i=1;i<5;i++){
        scanf("%d",&a[i]);
        if(max<a[i]) max=a[i];
        if(min>a[i]) min=a[i];
    }
    printf("最大值为:%d,最小值为:%d\n",max,min);
    return 0;
}
```

运行结果：

```
请输入 5 个整数:
3 4 7 8 10
最大值为:10,最小值为:3
```

2. 奇偶数问题。设一维整型数组共有 20 个元素(直接初始化该数据内容)，且偶数与奇数各占一半，将该数组变换为 2×10 的二维数组且偶数和奇数各成一行。

【程序指导】

```
#include<stdio.h>
int main()
{
    int a[20] = {0,1,2,3,4,5,6,7,8,9,10,11,12,13,14,15,16,17,18,19};
                                            //随机初始化数值,奇偶数各占一半
    int b[10][2];
    int i,j,k;
    j = 0;
    k = 0;
    for(i=0; i<20; i++)
    {
        if(a[i]%2==0)                       //如果是偶数,存放在第 0 列
```

```
        b[j++][0] = a[i];
        else                                    //如果是奇数,存放在第 1 列
        b[k++][1] = a[i];
    }
    for(i=0; i<10; i++)
        printf("%d ",b[i][0]);
    printf("\n");
    for(i=0; i<10; i++)
        printf("%d ",b[i][1]);
    printf("\n");
    return 0;
}
```

运行结果：

```
0 2 4 6 8 10 12 14 16 18
1 3 5 7 9 11 13 15 17 19
```

3. 使用二维数组设计一个打印“杨辉三角形”的程序(要求输出 10 行)。

【程序指导】

```
#include<stdio.h>
#define N 10
int main() {
    int a[N][N]={0},i,j;
    for(i=0;i<N;i++ )
    {
        a[i][i]=1;
        a[i][0]=1;
    }
    for(i=1;i<N;i++ )
        for(j=1;j<=i;j++ )
          a[i][j]=a[i-1][j]+a[i-1][j-1];
    for(i=0;i<N;i++ ) {
        //for(j=0;j<(N-i);j++ )
        //  printf("  ");
        for(j=0;j<=i;j++ )
        printf("%4d",a[i][j]);
    printf("\n");
  }

}
```

运行结果：

```
1
1  1
1  2  1
```

```
1  3   3   1
1  4   6   4    1
1  5  10  10    5    1
1  6  15  20   15    6   1
1  7  21  35   35   21   7   1
1  8  28  56   70   56  28   8  1
1  9  36  84  126  126  84  36  9  1
```

【说明】 在程序中有两行代码被注释了。

```
//for(j=0;j<(N-i);j++)
//  printf("  ");
```

如果取消注释,杨辉三角的输出效果:

```
                    1
                  1   1
                1   2   1
              1   3   3   1
            1   4   6   4   1
          1   5  10  10   5   1
        1   6  15  20  15   6   1
      1   7  21  35  35  21   7   1
    1   8  28  56  70  56  28   8   1
  1   9  36  84 126 126  84  36   9   1
```

4. 字符分类统计问题。输入4行长度小于80的字符串(包含空格),存放到二维数组中,并分别统计每行中的字母字符、数字字符及其他字符的个数。

【程序指导】

```
#include<stdio.h>
#include<string.h>
int main()
{
    int i,j,c1,c2,c3;
    char str[4][80];
    printf("请输入4行字符串: \n");
    for(i=0;i<4;i++)
    gets(str[i]);                          //输入4行字符串
    for(i=0;i<4;i++)
    {
    c1=c2=c3=0;                            //每行数据统计前需要将c1、c2、c3中的数值清零
    for(j=0;j<strlen(str[i]);j++)
    if(str[i][j]>='A' && str[i][j]<='Z'||str[i][j]>='a' && str[i][j]<='z')
        c1++;
        else if(str[i][j]>='0'&&str[i][j]<='9')
        c2++;
```

```
        else
        c3++;
    printf("第%d行字符数统计:字母字符个数:%d,数字字符个数:%d,其他字符个数:%d\n",
i,c1,c2,c3);
    }
    return 0;
}
```

运行结果:

```
请输入4行字符串:
hello667  &*^*
word  &*&464
study *^*jkl245AD
work768  &(*^*AAD
第0行字符数统计:字母字符个数:5,数字字符个数:3,其他字符个数:6
第1行字符数统计:字母字符个数:4,数字字符个数:3,其他字符个数:5
第2行字符数统计:字母字符个数:9,数字字符个数:4,其他字符个数:4
第3行字符数统计:字母字符个数:7,数字字符个数:3,其他字符个数:7
```

5. 输入一个字符串,将其按逆序存放,并输出。

【程序指导】

```
#include<stdio.h>
#include<string.h>
int main()
{
    char str[100];
    int i,j;
    printf("请输入一个字符串 :\n");
    gets(str);
    for(i=0,j=strlen(str)-1;i<j;i++,j--)
    {
    //将一个字符串中的逆序交换
    char c;
    c=str[i];
    str[i]=str[j];
    str[j]=c;
    }
    puts(str);
    return 0;
}
```

运行结果:

```
请输入一个字符串 :
Are you ready?
?ydaer uoy erA
```

6. 从键盘上输入两个字符串 str1 和 str2,不用库函数 strcat(),将 str2 中的内容连接到 str1 中,输出 str1 和 str2。

【程序指导】

```
#include<stdio.h>
int main()
{
  char str1[100],str2[30];
  int i,j;
  printf("请输入两个字符串:\n");
  gets(str1);
  gets(str2);
  for(i=0;str1[i]!='\0';i++);   //当 str1[i]为'\0'时,字符串结束,即找到 str1 的末尾
  for(j=0;str2[j]!='\0';j++)
  str1[i++]=str2[j];
  //循环结束后,将 str2 中的所有字符连接到 str1 的后面
  str1[i]='\0';        //在 str1 的字符串末尾添加'\0'字符,即结束标记,表示字符串的结束
  printf("str1=%s\n",str1);
  printf("str2=%s\n",str2);
  return 0;
}
```

运行结果:

```
请输入两个字符串:
Hi,
how are you?
str1=Hi,how are you?
str2=how are you?
```

7. 删除字符串中指定的字符后输出。例如输入字符串：aabeerdda,删除 a 字母后输出为：beerdd。

【程序指导】

```
#include<stdio.h>
int main()
{
  char str[80];
  char c;
  int i,j;
  int len;
  printf("请输入一个字符串:\n");
  gets(str);
  printf("请输入要删除的字符:\n");
  scanf("%c",&c);
  for(len=0;str[len]!='\0';len++);
  for(i=len;i>=0;i--)
    if(str[i]==c)
```

```
    {
        for(j=i;j<=len+1;j++)
          str[j]=str[j+1];
    }
  puts(str);
  return 0;
}
```

运行结果：

```
请输入一个字符串：
aabeerdda
请输入要删除的字符：
a
beerdd
```

8. 为一个4行4列的二维数组输入整数，分别输出值为奇数、偶数的元素之和。

【程序指导】

```
#include<stdio.h>
int main()
{
    int a[4][4];
    int i,j,s1=0,s2=0;
    printf("请输入 4*4 的矩阵数据:\n");
    for(i=0;i<4;i++)
        for(j=0;j<4;j++)
        scanf("%d",&a[i][j]);
    for(i=0;i<4;i++)
    for(j=0;j<4;j++)
    {
        if(a[i][j]%2==0)
        s1+=a[i][j];
        else
        s2+=a[i][j];
    }
printf("奇数之和%d,偶数之和%d",s2,s1);
return 0;
}
```

运行结果：

```
请输入 4*4 的矩阵数据:
1 3 4 5
5 2 3 9
8 7 10 12
7 6 8  6
奇数之和 40,偶数之和 56
```

9. 输入 10 个整数到一个数组中，用选择法对这 10 个整数进行降序排序，并输出排序之后的数组数据。

【说明】 选择排序和冒泡排序是常用的两种排序方法，分别说明如下。

- 冒泡排序是将数据两两相互比较大小，只要有前一个数比后一个数小，就进行交换，先将最小数找出来放到最后一个位置，然后依次往后循环，将剩余数中的最小数找出来放到倒数第二个位置，以此类推，最后的第一个位置就是最大值，实现降序排列。
- 选择排序是从第一个数开始，依次与后面所有的数相比较，找出最大的数，与第一个数进行交换，放在第一个位置；以此类推，再从第二个数开始，依次找出后边的较大数，确定一个相对于本次比较中最大的数，进行交换。如此循环往复，完成降序排列。

【程序指导】

以选择排序为例。

```
#include<stdio.h>
int main()
{
    int a[10],i,k,j,t;
    printf("请输入 10 个整数:\n");
    for(i=0;i<10;i++)
       scanf("%d",&a[i]);
    for(j=0;j<9;j++)
    {
       k=j;
       for(i=j+1;i<10;i++)
        if(a[i]>a[k]) k=i;   //只要满足 a[i]>a[k],就记录 i 到 k 中,移动到下一个元素,
                             //继续比较
        //找到本次循环结束后最大的那个元素,即 a[k],将 a[k]与 a[j]进行交换
        t=a[k];a[k]=a[j];a[j]=t;
    }
    for(i=0;i<10;i++)
      printf("%d ",a[i]);
    return 0;
}
```

以冒泡排序为例。

```
#include<stdio.h>
int main()
{
    int a[10],i,k,j,t;
    printf("请输入 10 个整数:\n");
    for(i=0;i<10;i++)
       scanf("%d",&a[i]);
    for(i=0;i<9;i++)
    {
       for(j=0;j<9-i;j++)
```

```
        if(a[j]<a[j+1])
        {
        t=a[j];a[j]=a[j+1];a[j+1]=t;
        }
    }
    for(i=0;i<10;i++)
     printf("%d ",a[i]);
    return 0;
}
```

运行结果：

```
请输入 10 个整数:
5 7 6 8 1 3 0 9 12 15
15 12 9 8 7 6 5 3 1 0
```

10. 数据分类问题。向一维数组输入 10 个整数，并把所有的负数存储在数组的前面，其他数据存储在负数的后面，然后输出。

【程序指导】

```
#include"stdio.h"
int main()
{
int x;
int num[10],i=0,j=9;
printf("请输入 10 个整数:\n");
while(i<=j)
{
scanf("%d",&x);
if(x<0)
{
    num[i]=x;
    i++;
}
else
{
    num[j]=x;
    j--;
}
}
printf("存储完成,该数组中的元素为:\n");
for(i=0;i<10;i++)
printf("%d ",num[i]);
return 0;
}
```

运行结果：

```
请输入 10 个整数:
```

```
-1 -3 -6 -5 6 7 8 -8 9 10
存储完成,该数组中的元素为:
-1 -3 -6 -5 -8 10 9 8 7 6
```

11. 在数组中进行数据查找。有 15 个数存放在一个数组中,输入一个数,要求找出该数在数组中第一次出现的位置。如果该数不在数组中,则输出“无此数”。要求:这 15 个数用赋初值的方法在程序中给出,要查找的数用 scanf()函数输入。

【程序指导】

```
#include<stdio.h>
int main()
{
int i,a[10]={3,45,65,23,24,45,90,12,76,32},n,temp=0;
printf("请输入要查找的数值\n");
scanf("%d",&n);
for (i=0;i<10;i++)
{
if (a[i]==n)
{
printf("找到了,该数是数组中的第%d个元素\n",i+1);
temp=1;
break;
}
}
if (temp==0)
printf("无此数!\n");
return 0;
}
```

运行结果:

```
请输入要查找的数值
45
找到了,该数是数组中的第 2 个元素
```

四、实验思考

1. 二维数组与一维数组有什么关系?
2. 二维数组定义时什么情况下可以省略第一维的长度?
3. C 语言一般用什么符号作为字符串的结束标记?
4. 在 C 语言中字符串通过什么进行处理?

项目5 “学生选课系统”课程信息数据分析

学习目标

1. 掌握结构体类型的含义与定义。
2. 掌握结构体变量的初始化与赋值规则。
3. 掌握结构体的引用规则。
4. 掌握结构体类型数据在实际问题中的应用。

项目内容分析——课程信息数据分析

在C语言中,系统提供的基本数据类型有时候不能满足用户的实际需求,允许用户根据需要定义数据类型,如一个学生的信息中,可以包含学号、姓名、年龄、成绩等信息,这时涉及字符串、整型、浮点型数据等多个不同类型的数据,无法通过数组(每个数组元素的数据类型是相同的)结构来实现,这时用户就可以自己定义一个数据类型,使得这种类型能够包含多个复杂的数据。这种用户自己定义的由不同数据类型组成的组合型数据结构称为结构体类型。

任务说明

通过项目4的课程信息存储展示发现,对于课程信息来说,应该包含课程编号和课程名称,如果仅通过两个二维的字符数组存储和展示信息过于复杂,且无法满足此类信息的存储和输出需求。本系统中的学生信息数据、教师信息数据等均为这种类型。本次任务对选课信息进行展示,学习结构体类型在实际中的应用,教师与学生的相关信息用法相同,以此类推。

课程信息展示效果如图5-1所示。

图5-1 课程信息展示效果

知识点巩固

在前面学习了C语言的常用基本数据类型,这些类型都是C系统中已定义好的数据类型,但有时处理的数据可能不仅仅包含基本的数据类型,例如在本系统中包含学生的基本数据,仅仅利用系统提供的数据类型不能满足,为此,C语言根据需要建立了自定义的数据类型——结构体类型。要完成该界面设计,需要掌握结构体相关知识。

任务 5.1　结构体定义及应用

结构体类型是C编程中用户自定义的可用的数据类型,它可以存储不同类型的数据项。它是由一系列具有相同类型或不同类型的数据项构成的数据集合,这些数据项称为结构体的成员。

1. 结构体的定义

关键字 struct 和结构体名组合成一种类型标识符,其地位如同通常的 int、char 等类型标识符,其用途就像 int 类型标识符标识整型变量一样,可以用来定义结构体变量。定义变量以后,该变量就可以像定义的其他变量一样使用了;成员又称为成员变量,它是结构体所包含的若干基本的结构类型,必须用"{}"括起来,并且要以分号结束,每个成员应表明具体的数据类型。

以学生为例,创建一个学生结构体类型。

【课堂案例 5-1】 定义一个学生结构体,包含学号、姓名、性别和年龄 4 个成员。下面介绍结构体变量的定义方法。

方法一:

```
//创建结构体模板 struct student
struct student
{
int num;          //学生学号
char name[10];  //学生姓名,因为学生姓名是一个字符串,所以这里定义了一个字符数组进行处理
int age;          //学生年龄
char sex[4];      //性别
};                //注意这里的分号不能省略
```

此处,student 是结构体名,该名字是任意定义的,但是尽量起个有意义的名称。其相当于一个模板,可以使用这个模板来定义变量 stu1、stu2、stu3。定义学生变量的方式为:

```
struct student stu1,stu2,stu3;
```

方法二:

```
//定义 3 个结构体变量 stu1、stu2、stu3
struct
{
int num;                                //学生学号
char name[10];                          //学生姓名
int age;                                //学生年龄
char sex[4];                            //性别
}stu1, stu2, stu3;
```

定义结构体类型的同时定义三个变量，这种方式省略了结构体名称，但不能用该结构定义新的变量，所以在实际中应用不多。

方法三：在定义结构体名字的同时定义变量。

```
struct Student
{
int num;                                //学生学号
char name[10];                          //学生姓名
int age;                                //学生年龄
char sex[4];                            //性别
}stu1, stu2, stu3;
```

定义好结构体名字后，同时定义了 3 个学生变量 stu1、stu2、stu3，如果还有需要，可以继续定义学生变量，定义方式同方法一的定义方式。

```
struct Student stu4;                    //定义 stu4 为 Student 结构体类型
```

在实际应用中，为了简化结构体变量的定义，常常使用以下方式进行定义。

1）使用 typedef

将结构体模板 struct Student 重新命名为 student。

```
typedef struct Student
{
char name[20];                          //学生姓名
int num;                                //学生学号
int age;                                //学生年龄
}student;
```

或者

```
typedef struct
{
char name[20];                          //学生姓名
int num;                                //学生学号
int age;                                //学生年龄
}student;
```

这样在定义结构体变量时，可以采用以下方法进行简化。

使用 student 创建 3 个结构体变量 stu1、stu2、stu3

```
student stu1, stu2, stu3;
```

此处使用 typedef 为结构体模板 struct Student 定义一个别名 student，使用 typedef 给结构体创建一个别名，这在实际编程中经常使用。

2）使用 define 宏定义

使一个符号常量来表示一个结构类型。

```
#define Student   struct student
Student{
char name[20];                          //学生姓名
int num;                                //学生学号
int age;                                //学生年龄
};
Student stu1,stu2;                      //定义两个学生变量
```

2. 结构体成员引用

在C语言中,使用"分隔符.成员"来获取结构体中的一个成员,一般格式为:

```
结构变量名.成员名
```

例如:

```
stu1.name;                              //第一个学生的姓名
stu2.num;                               //第二个学生的学号
```

获取成员后,就可以对该成员赋值了,以上面定义的Student结构体类型为例:

```
stu2.age=20;
```

当对stu2.name进行赋值时,注意不可以使用stu2.name="ZhangSan",因为name为一个数组名,即字符数组的首元素地址值,不可以将字符串直接赋值给字符数组名,可以通过strcpy(stu2.name,"ZhangSan")给stu2.name赋值,或通过终端使用gets()或scanf()输入。

【课堂案例5-2】 学生结构体中成员的引用。

```
#include<stdio.h>
#define Student struct student
#include<string.h>
Student{
char name[20];                          //学生姓名
int num;                                //学生学号
int age;                                //学生年龄
};
int main()
{
Student s1;
strcpy(s1.name,"张三");                 //利用字符串函数strcpy()给s1.name赋值
s1.num=12;
s1.age=13;
printf("学生的学号为:%d,年龄为:%d,姓名为:%s",s1.num,s1.age,s1.name);
}
```

运行结果:

```
学生的学号为:12,年龄为:13,姓名为:张三
```

【课堂案例5-3】 定义一个包含学生学号、姓名、性别及3门课的成绩的结构体变量,从键盘输入具体数据,并输出学生的基本信息及平均成绩。

```
#include<stdio.h>
#include<string.h>
struct Student
{
char num[20];
char name[12];
char sex[2];
double score[3];
};
int main()
{
struct Student stu;
char x[12]="张三";
float y[3]={85,75,75.5},sum=0;
int i;
strcpy(stu.num,"202011201");/*如果成员名是一个变量名,那么引用的就是这个变量的内容;如果成员名是一个数组名,那么引用的就是这个数组的首地址*/
/*stu.s="202011201";这样写是错误的,相当于通过数组名给数组赋值,数组名是一个整数常量*/
strcpy(stu.name,x);
strcpy(stu.sex,"f");
for( i=0;i<3;i++)
    {
        stu.score[i]=y[i];
        sum=sum+stu.score[i];
    }
printf("该学生的基本信息为:\n学号:%s,姓名:%s,性别:%s,平均成绩为:%f",stu.num,
stu.name,stu.sex,sum/3);
return 0;
}
```

运行结果:

```
该学生的基本信息为:
学号:202011201,姓名:张三,性别:f,平均成绩为:78.500000
```

观看视频

任务5.2 结构体数组及应用

根据实际需求,某个数组中需要存储一些结构体数据,例如定义一个学生数组,包含10个学生信息,学生信息中包含一系列的复杂信息,这时就需要用到结构体数组。

【课堂案例5-4】 利用数组和结构体完成学生成绩问题。有4个学生,每个学生的数据包括学号、姓名、3门课的成绩。从键盘输入4个学生数据,要求输出每门课的总平均成绩及最高分学生的数据(用结构体数组实现)。

```c
#include<stdio.h>
#include<string.h>
#define N 4
struct Student
{
char num[20];
char name[12];
double score[3];
};
int main()
{
struct Student stu[N];
int i,j;
double sum,max;
printf("请输入所有学生的信息\n");
printf("学号      姓名    成绩 1    成绩 2    成绩 3    \n");
for(i=0;i<N;i++)                              //输入 4 名学生的成绩
{
    scanf("%s %s",stu[i].num,stu[i].name);
    for(j=0;j<3;j++)
    scanf("%lf",&stu[i].score[j]);    //输入 3 个成绩
}
//输出所有学生的基本信息
printf("所有学生的信息如下:\n");
printf("学号      姓名    成绩 1    成绩 2    成绩 3    \n");
for(i=0;i<N;i++)                              //输出 4 名学生的基本信息
{
    printf("%s\t%s\t",stu[i].num,stu[i].name);
    for(j=0;j<3;j++)
    printf("%.2f\t",stu[i].score[j]);
    printf("\n");
}
printf("\n");
//计算每门课的平均成绩和最高分
printf("\t\t平均成绩\t最高分\n");
for(j=0;j<3;j++)
{
    printf("第%d门课成绩\t",j+1);
    sum=0;
    max=-1;                                   //给 max 一个初值-1,保证输入的成绩都比 max 大
    //计算每门课
    for(i=0;i<N;i++)
    {
        sum=sum+stu[i].score[j];
        if(max<stu[i].score[j])
        max=stu[i].score[j];
    }
    printf("%f\t%f\n",sum/N,max);
}
}
```

运行结果：

```
请输入所有学生的信息
学号  姓名  成绩 1  成绩 2  成绩 3
 01   张三    75     74     71
 02   李四    74     70     85
 03   王五    85     90     94
 04   赵六    74     85     90
所有学生的信息如下：
学号  姓名  成绩 1  成绩 2  成绩 3
 01   张三  75.00  74.00  71.00
 02   李四  74.00  70.00  85.00
 03   王五  85.00  90.00  94.00
 04   赵六  74.00  85.00  90.00

                 平均成绩      最高分
第 1 门课成绩  77.000000  85.000000
第 2 门课成绩  79.750000  90.000000
第 3 门课成绩  85.000000  94.000000
```

任务实现

完成课程信息的存储，并输出课程的信息情况。

运行结果如下：

```
请输入第 1 个学生的基本信息：
课程编号:1111
课程名称:数据结构
课程成绩:85
教师姓名:李莉
请输入第 2 个学生的基本信息：
课程编号:2222
课程名称:C 语言程序设计
课程成绩:93
教师姓名:王超
请输入第 3 个学生的基本信息：
课程编号:3333
课程名称:高等数学
课程成绩:82
教师姓名:李燕
请输入第 4 个学生的基本信息：
课程编号:4444
课程名称:大学英语
课程成绩:75
教师姓名:刘静
请输入第 5 个学生的基本信息：
课程编号:5555
课程名称:Java 程序设计
```

```
课程成绩:88
教师姓名:姚建
当前课程信息如下:
课程编号      课程名称        课程成绩   教师姓名
  1111    数据结构          85.00      李莉
  2222    C语言程序设计      93.00      王超
  3333    高等数学          82.00      李燕
  4444    大学英语          75.00      刘静
  5555    Java 程序设计      88.00      姚建
```

1. 实现课程信息的结构体定义

代码如下:

```
typedef struct course
{
    char courseno[10];                    //课程编号
    char coursename[50];                  //课程名称
    double course_score;                  //课程成绩
    char teachername[10];
                        //任课教师信息,这里只展示教师姓名(学习了指针之后,再进行调整)
}Course;
```

2. 课程信息的录入与输出

代码如下:

```
#include<stdio.h>
#include<string.h>
int main()
{
Course c1[5];
int i;
for(i=0;i<5;i++)
{
    printf("请输入第%d个学生的基本信息:\n",i+1);
    printf("课程编号:");scanf("%s",c1[i].courseno);
    printf("课程名称:");scanf("%s",c1[i].coursename);
    printf("课程成绩:");scanf("%lf",&c1[i].course_score);
    printf("教师姓名:");scanf("%s",c1[i].teachername);
}
printf("当前课程信息如下:\n");
printf("课程编号\t课程名称\t课程成绩\t教师姓名\n",i+1);
for(i=0;i<5;i++)
{
    printf("%s",c1[i].courseno);
    printf("\t\t%s",c1[i].coursename);
    printf("\t\t%.2f",c1[i].course_score);
    printf("\t\t%s",c1[i].teachername);
    printf("\n");
}
return 0;
}
```

项目 6 "学生选课系统"的模块化设计

学习目标

1. 掌握函数使用的含义。
2. 掌握函数的定义与返回值知识点。
3. 掌握函数的声明与调用。
4. 掌握函数在实际问题中的应用。

项目内容分析——选课系统的模块化设计

为了实现一个复杂功能，需要用到多个程序段，有时可能要多次实现某一个功能，例如输出信息、查找信息等功能，这就需要多次重复编写实现这一功能的代码，出现程序冗余、重复的情况，导致整个项目代码不精练，不清晰。为此，程序中出现了模块化设计的思路，即将一个大工程分解成多个子功能模块，当需要哪个模块时就调用哪个模块，避免主程序冗余、拖沓的弊端，使得整个程序的结构更加简练清晰，实现模块化设计。C 语言将分解成各个模块的程序设计思想称为函数定义，将某些特定的功能定义成函数，需要时直接调用即可。"学生选课系统"正是采用了模块化设计思路，将大部分功能定义成函数，以便程序调用，使得整个程序的功能清晰明了，避免了大量的程序冗余。

任务说明

通过管理员进行登录，登录用户名和密码进行验证，登录成功后即可进入系统，对学生、教师和课程信息进行管理。由于管理功能烦琐，为此提出对本系统进行模块化设计，即创建相应的函数功能模块，使程序结构清晰明了。本次任务重点以学生选课系统的模块化设计完成函数部分内容的讲解。选课系统中的模块化设计展示效果如图 6-1 所示。

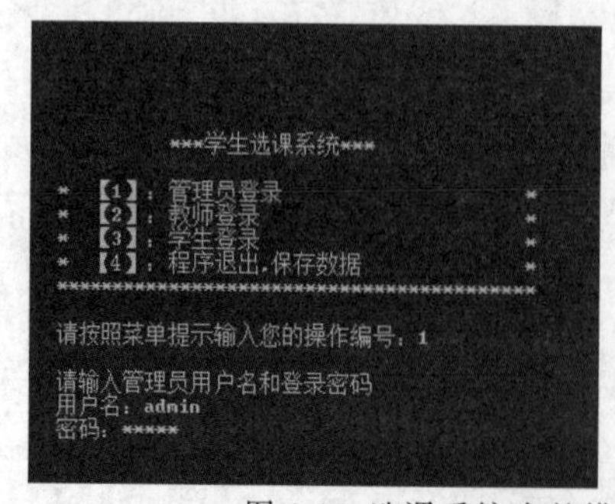

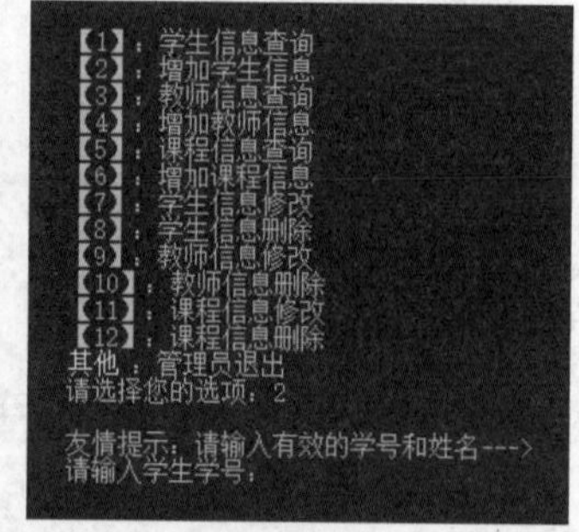

图 6-1　选课系统中的模块化设计展示效果

知识点巩固

要完成学生选课系统的模块化设计,需要进入函数的学习。

任务 6.1　函数定义与调用

观看视频

函数是C源程序的基本模块,通过对函数模块的调用可实现特定的功能。C语言不仅提供了极为丰富的库函数,还允许用户建立自己定义的函数,用户可以将自己写定的功能定义成一个函数,方便调用。一般把调用函数的函数称为主调函数,被调用的函数称为被调函数。

1. 函数分类

(1) 根据函数定义的角度,函数可分为库函数和用户定义函数两种。

- 库函数:由C系统提供,用户无须定义和声明,只需在程序前包含该函数原型的头文件即可在程序中直接调用。例如,标准的输入输出函数 printf()、scanf(),数学函数 sqrt()、pow(),字符串处理函数 strlen()、strcpy(),等等。
- 用户定义函数:由用户根据需要的功能定义成函数。

(2) 根据是否需要返回值,分为有返回值函数和无返回值函数。

- 有返回值函数:此类函数被调用执行完后向主调函数返回一个执行结果,称为函数返回值,通过 return 语句将数据返回给主调函数。一般函数的返回值类型和数据返回的类型保持一致,如果遇到不一致的情况,以函数的返回值为准。
- 无返回值函数:此类函数只用于完成某项特定的功能,执行完成后不用向主调函数返回函数值。由于函数无须返回值,用户在定义此类函数时可指定它返回"空类型",空类型的说明符为 void。

(3) 根据函数是否传递数据,可分为无参函数和有参函数两种。

- 无参函数:函数定义、函数说明及函数调用中均不带参数。主调函数和被调函数之间不进行参数传送。此类函数通常用来完成一组指定的功能,可以返回给主调函数数据,也可以不返回指定数据。
- 有参函数:在函数定义及函数说明时都有参数,称为形式参数(简称为形参)。在函数调用时也必须给出参数,称为实际参数(简称为实参)。进行函数调用时,主调函数将把实参的值传送给形参,供被调函数使用。

2. 函数的定义

在C语言中,一个函数的定义可以放在任意位置,既可放在主函数 main()之前,也可放在 main()之后。所有的函数都是平行的,不允许在一个函数内部定义函数,即嵌套定义。但函数之间允许相互调用,即允许嵌套调用。

函数的定义形式:

```
类型标识符 函数名(参数类型 参数名,参数类型 参数名,…)
{
    函数体语句
}
```

其中类型标识符和函数名为函数头。类型标识符指明了本函数的类型，函数的类型实际上是函数返回值的类型。函数名是由用户定义的标识符，符合标识符命名规则。函数名后有一个括号，如果括号为空，则称为“无参函数”；如果其有相应的参数类型和参数名，则称为“有参函数”，多个参数之间用逗号分隔，此时的参数称为形式参数，简称“形参”。有参函数在调用时需要传入对应的参数，传入的参数称为实际参数，简称“实参”。

{}中的内容称为函数体语句。

【课堂案例 6-1】 定义一个函数，用于展示学生选课系统的首界面。

```
void login_main()
{
    //输出选课系统主界面
    printf("\n");
    printf("==========================================================\n");
    printf("==========================================================\n");
    printf("*******************   欢迎使用学生选课系统   ****************\n");
    printf("==========================================================\n");
    printf("==========================================================\n");
}
```

上例中展示的函数为无参无返回值的函数，用于输出简单的文字信息，需要展示该部分内容时，直接调用。

【课堂案例 6-2】 定义一个函数，用于求两个整数中的最大值，并输出。

通过要求，得知需要求出最大值，函数的返回值类型为整型。

```
//max 函数的定义可置在 main 之后，也可在 main 之前
int max(int a, int b)
/*形参为 a、b，均为整型量。a、b 的具体值是由主调函数在调用时传送过来的*/
{
    if (a>b)
    return  a;
    else
    return b;
    /*也可利用条件表达式直接写成：return  a>b? a:b; */
}
```

此时，该函数中存在两个参数，如果被调用，则需要传入两个实际的值；通过 return 语句把整数返回主调函数；函数的返回值类型为 int 型，与 return 语句中的数据类型保持一致（当出现与 return 语句中的数据类型不一致的情况时，以函数类型为准）。

3. 函数的声明和调用

1）函数的声明

声明的作用是通知编译系统存在这样一个函数，函数的类型、函数名以及函数带的参数类型和参数个数提供给编译系统，以供后续使用时编译系统做出检查。

如果函数定义在主调函数之后，则在主调函数中调用时需要对该函数进行声明，否则会出错；如果函数定义到主调函数后面，且不对其进行声明，则系统会自动对被调函数的返回值按整型处理，导致结果出现错误。

如果在所有函数定义之前预先对被调函数进行了声明，则其后的所有函数都可以直接调用该函数，不必再对被调函数进行声明。

库函数的调用不必声明，只需利用 include 命令将函数对应的头文件添加进来即可。

声明的基本格式：

```
类型标识符  函数名(参数类型  参数名,参数类型 参数名,…);
```

【说明】

函数声明与函数定义中的函数头部分相同，但是末尾要加分号，即函数原型。

参数名可以省略，但是参数类型不能省略。

例如，课堂案例 6-2 中的函数可以声明为：

```
int max(int x,int y);
int max(int,int);              //省略了参数名
int max(int a,int b);          //参数名可以省略,这里将 x 和 y 的名字声明写成 a 和 b 均可
```

2）函数的调用

在程序中通过对函数的调用来执行函数体。C 语言中，函数调用的一般形式为：

```
函数名(实际参数表)
```

【注意】 这里不需要类型说明符。有参函数在调用时需要加入实际参数，无参函数调用时无须添加参数。

如果函数为无返回值的函数，则直接作为一个语句进行调用，如课堂案例 6-1 所示，调用时直接使用：

```
f_print();                                        //完成函数调用
```

如果函数有返回值，则该函数的值可以赋值给一个变量，也可以作为函数的参数，或作为一个表达式的一部分。例如：

```
printf("最大值为:%d\n",max(x,y));       //课堂案例 6-2 中的 max 函数有返回值,可以作为
//printf()的参数,也可以将 max(x,y)的值赋给一个变量,如 z=max(x,y);
```

【课堂案例 6-3】 调用案例 6-2 中定义的 max()函数，在主函数 main()中调用测试。

```
#include<stdio.h>
int main()
{
    int max(int a,int b);                //若在 main()前定义,此处的函数声明可以省略
    int x,y,z;
    printf("请输入两个整数,用空格分隔:\n");
    scanf("%d%d",&x,&y);
    z=max(x,y);                          //将函数的值作为一个表达式赋值给一个整型变量 z
    printf("最大值=%d",z);
}
```

运行结果：

```
请输入两个整数,用空格分隔:
56 74
最大值=74
```

【课堂案例 6-4】 定义一个函数，输出以下信息，在主函数中进行测试。

```
#include<stdio.h>
int main()
{   void print_ss();                                   //声明 print_ss()函数
    void print_info();
    print_ss();                                        //调用 print_ss()函数
    print_info();                                      //调用 print_info()函数
    print_ss();                                        //调用 print_ss()函数
    return 0;
}
void print_ss()                                        //定义 print_ss()函数
{   printf("###########################\n");          //输出一行#号
}
void print_info()                                      //定义 print_info()函数
{
printf("######   Hello World! #####\n");               //输出一行文字信息
}
```

运行结果：

```
###########################
######   Hello World! #####
###########################
```

【课堂案例 6-5】 定义一个函数，用于计算两个整数的和。在主函数中测试。

```
#include<stdio.h>
int main()
{   int add(int ,int );
    int a,b;
    printf("请输入两个整数,中间用逗号隔开\n");
    scanf("%d,%d",&a,&b);
    printf("这两个数的和为:%d\n",add(a,b));
    return 0;
}
int add(int a,int b)
{
    return a+b;
}
```

运行结果：

```
请输入两个整数,中间用逗号隔开
```

```
45,32
这两个数的和为:77
```

【课堂案例 6-6】 定义一个函数,判定一个整数是否为素数,是则返回 1,否则返回 0,并在主函数中测试。

```
#include<stdio.h>
#include<math.h>
int funPrime(int a)                    //函数定义在主调函数之前,可以不用声明,直接调用
{
int i;
for (i=2;i<=sqrt(a);i++){
if(a%i==0)
return 0;
}
return 1;
}
int main()
{
int n;
printf("请输入一个整数:\n");
scanf("%d" ,&n);
if(funPrime(n))
printf("是素数");
else
printf("不是素数");
return 0;
}
```

运行结果:

```
请输入一个整数:
52
不是素数
```

任务 6.2　函数的参数传递

观看视频

1. 函数的参数传递

发生函数调用时,主调函数会把实参的值传送给被调函数的形参,实现值的单向传递,即只能将实参的值传递给形参,而不能将形参的值传递给实参。在普通变量作为函数参数时,形参变量和实参变量是由编译系统分配的两个不同的内存单元。若函数定义之后没有调用,则不会给形参分配内存,当出现调用时才会给形参分配内存,并把实参变量的值赋予形参变量。当函数调用结束后,形参分配的内存被释放掉,形参变量不再有效。在实参给形参传递数据时,要注意以下几个问题:

(1) 实参与形参的数量必须保持一致,否则出现错误;实参与形参的类型应相同或赋值

兼容,即按照不同类型数值的赋值规则进行转换。例如,实参为 int 型,而形参为 double 型,则当进行数据传递时,首先将 int 值转换成 double 型,然后赋值给形参变量。

(2) 变量值、常量值、表达式、函数值、数组元素等都可以作为实参。

2. 数组作为函数参数

数组元素和数组名都可以作为函数参数进行数据的传递。

1) 数组元素作为函数实参

数组元素就是一个存储单元,它的使用规则等同于普通的变量。数组元素作为函数的实参,将元素值传送给形参,完成调用操作。

【课堂案例 6-7】 判断一维整数数组中的每个元素是否为奇数,并输出。

【解题思路】 定义一个判定整数是否为奇数的函数,在主调函数中将每个数组元素作为实参数据传递给形参,并判定每个数组元素是否为奇数。

```
#include<stdio.h>
int funOdd(int x)
{
    if(x%2!=0)
        return 1;
    else
        return 0;
}
int main()
{
    int i, a[10]={2,3,4,5,7,8,11,12,9,6};
    for(i=0;i<10;i++)
        if(funOdd(a[i]))
        printf("%d ",a[i]);
    return 0;
}
```

运行结果:

```
3 5 7 11 9
```

【课堂案例 6-8】 统计一个整数数组中的素数,并输出素数及其个数。

【解题思路】 判定每个数组元素是否为素数。定义一个判定整数是否为素数的函数,在主调函数中将每个数组元素作为实参数据传递给形参,判定每个数组元素,并输出统计个数,代码如下:

```
#include<stdio.h>
#include<math.h>
int funPrime(int x)
{
    int i;
    for (i=2;i<=sqrt(x);i++)
    if(x%i==0)break;
```

```
    if(i>sqrt(x))
        return 1;
    else
        return 0;
}
int main()
{
    int i, a[10],n=0;
    printf("请输入 10 个整数:\n");
    for(i=0;i<10;i++)
    {
            scanf("%d",&a[i]);
            if(funPrime(a[i]))
            {
                printf("%d ",a[i]);
                n++;
            }
    }
    printf("共有%d个素数\n",n);
        return 0;
}
```

运行结果：

```
请输入 10 个整数:
8 7 6 14 52 13 17 28 29 30
7 13 17 29 共有 4 个素数
```

本程序中使用了 sqrt()函数，该函数的功能用于求一个数的平方根，这是一个数学函数，所以需要引用数学库函数，故在程序的开头需要加上“#include<math.h>”。

【课堂案例 6-9】 定义一个函数，用于判定是否为闰年。在主函数中定义一个包含 10 个年份的数组，测试数组中的闰年和平年各有多少个？

```
#include<stdio.h>
int main()
{
    int leapyear(int year);             //声明 leapyear()函数
    int year[10]={2001,1992,1994,1900,2000,2002,2004,2008,2024,2021};
    int i,m=0,n=0;                      //m 为闰年的个数,n 为平年的个数
    for(i=0;i<10;i++)
    if(leapyear(year[i]))
    m++;
    else
    n++;
    printf("数组中闰年有%d个,平年有%d个\n",m,n);
    return 0;
}
//判定是否为闰年,是,返回 1;否,返回 0
int leapyear(int year)
```

```
{
    int r;
    if(year%400==0)
    r=1;
    else
    {
        if(year%4==0)
        {
            if(year%100==0)
            r=0;
            else
            r=1;
        }
        else
        r=0;

    }
    return r;
}
```

运行结果：

```
数组中闰年有 5 个,平年有 5 个
```

2）数组名作为函数参数

数组名实际上是数组首元素的地址，在定义了数组之后，其首元素地址就是一个常量值。用数组名作函数参数与用数组元素作实参有以下几点不同：

(1) 用数组名作函数参数时，要求形参和相对应的实参必须是类型相同的数组。当形参和实参二者不一致时，即会发生错误。

(2) 在用数组名作函数参数时，实际上的形参数组并不存在，编译系统不为形参数组分配内存。因此，在数组名作函数参数时，所进行的传送只是地址的传送，只传送首地址而不检查形参数组的长度。也就是说把实参数组的首地址赋予形参数组名。形参数组名取得该首地址之后，也就等于有了实在的数组。此时，形参数组和实参数组为同一数组，共同拥有一段内存空间。所以在一维数组名作形参时，定义的时候可以省略长度。

思考：有一个数组 a，包含 5 个整数，分别为 1,2,3,4,5。

将数组名 a 作为实参传递给形参数组 b，若此时将 b[0]修改为 6，则数组 a 中的数据有何变化?

【课堂案例 6-10】 定义一个函数，该函数的功能是求包含 n 个元素的数组的平均值。在主函数中有一个包含 5 个成绩的数组 a，利用自定义的函数求数组 a 中成绩的平均值。

代码如下：

```
#include<stdio.h>
float avg(float a[],int n)//形参中定义的数组长度省略,用 n 表示数组的长度,通过主函数
//将 n 的值传递过来,这种方式较常见
{
```

```
    int i;
    float s=0;
    for(i=0;i<n;i++)
      s=s+a[i];
   return s/n;
}
int main()
{
    float a[5];
    int i;
    printf("请输入 5 个成绩值:\n");
    for(i=0;i<5;i++)
      scanf("%f",&a[i]);
    printf("平均成绩为 %.2f",avg(a,5));
}
```

运行结果:

```
请输入 5 个成绩值:
85.4
82
63
71
90
平均成绩为 78.28
```

【课堂案例 6-11】 定义一个函数,实现一个整数数组中元素的升序排列。在主函数中定义一个整数数组,输入相应的元素,调用函数,完成升序排列,并输出查看升序结果。

```
#include<stdio.h>
int main()
{
    void sort(int a[],int n);              //声明 sort()函数
    int a[10],i;
    printf("请输入 10 个整数:\n");
    for(i=0;i<10;i++)
    scanf("%d",&a[i]);
    //调用 sort()函数,实现升序排列
    sort(a,10);
    //测试排序效果
    for(i=0;i<10;i++)
    printf("%d ",a[i]);
    return 0;
}
//给整数数组升序排序,n 为整数的个数
void sort(int a[],int n)
{
    int i,j,t;
    for(i=0;i<n-1;i++)                     //比较的趟数
```

```
    for(j=0;j<n-1-i;j++)                    //每趟比较的次数
    if(a[j]>a[j+1])
        {
            //交换两个数
            t=a[j];
            a[j]=a[j+1];
            a[j+1]=t;
        }
}
```

运行结果：

```
请输入10个整数：
2 5 4 7 8 1 10 32 51 41
1 2 4 5 7 8 10 32 41 51
```

3）二维数组作为函数参数

二维数组也可以作为函数的参数。在函数定义时，对形参数组可以指定每一维的长度，也可省略第一维的长度，但不能省略第二维的长度。例如 int MA(int a[3][10])或 int MA(int a[][10])。

在第二维大小相同时，形参数组的第一维可以与实参数组不同。例如形参定义为 int a[2][5]，而实参定义为 int b[8][5]，这种情况是可以的。

【课堂案例 6-12】 定义一个函数，实现一个 4×4 的二维数组的转置，即行列互换，在main()函数中测试。

代码如下：

```
#include<stdio.h>
#define N 4
void transpose(int a[N][N])
{
    int i,j,t;
    for(i=1;i<N;i++)
    {
        for(j=0;j<i;j++)
        {
            t=a[i][j];
            a[i][j]=a[j][i];
            a[j][i]=t;
        }
    }
}
int main()
{
  int i,j;
  int a[4][4]={{1,23,4,6},
              {2,4,5,7},
              {3,5,6,8},
              {6,1,4,3} };
```

```
printf("转置前的数组内容如下:\n");
for(i=0;i<4;i++)
{
  for(j=0;j<4;j++)
  printf("%-3d",a[i][j]);
  printf("\n");
}
transpose(a);
printf("转置后的数组内容如下:\n");
for(i=0;i<4;i++)
{
  for(j=0;j<4;j++)
  printf("%-3d",a[i][j]);
  printf("\n");
  }
}
```

运行结果:

```
转置前的数组内容如下:
1  23 4  6
2  4  5  7
3  5  6  8
6  1  4  3
转置后的数组内容如下:
1  2  3  6
23 4  5  1
4  5  6  4
6  7  8  3
```

任务 6.3　函数的嵌套与递归

在任务 6.1 中学习过,所有的函数都是平行的,不允许在一个函数内部定义函数,即嵌套定义。但函数之间允许相互调用,即允许嵌套调用。什么是函数的嵌套呢?

1. 函数的嵌套

在调用一个函数的过程中,又调用另一个函数,这种情况称为函数的嵌套。

【课堂案例 6-13】 函数的嵌套举例。

```
#include<stdio.h>
void showInfo1()
{
    printf("\n\n");
    printf("\t\t 函数的嵌套调用举例\n");
    printf("*********************C 语言函数学习*********************\n");
    printf("*******************函数的定义和调用方法*****************\n");
    printf("*******************函数的参数传递方法*****************\n");
```

```
    printf("**********************函数的嵌套和递归******************\n");
    printf("\n\n");
}
void showInfo()
{
    showInfo1();
    printf("\t\t 函数嵌套的举例完成!你明白了吗?\n");
}
int main()
{
    showInfo();
}
```

以上为函数的嵌套案例,调用过程:在 main()中调用 showInfo()函数,进入 showInfo()函数的流程中,而 showInfo()函数又调用了 showInfo1()函数,所以从 showInfo()函数转入 showInfo1()函数,在执行完 showInfo1()函数后,回到 showInfo()函数继续执行流程后面对应的程序,执行完毕后回到 main()函数。

2. 函数的递归

在调用一个函数的过程中,出现直接或间接调用该函数自身,这种情况称为函数的递归。递归是一种特殊的函数嵌套,属于嵌套调用同一个函数。常用的递归案例有汉诺塔问题、求 n!、斐波那契数列求值以及某些带有递归用法的数学公式计算等。

【课堂案例 6-14】 利用递归函数求 n!。

```
#include<stdio.h>
int fac(int n)
{
    if(n==0||n==1)
    return 1;
    else
    return n * fac(n-1);
}
int main()
{
    int x=6;
    printf("%d!的值为%d\n",x,fac(x));
}
```

运行结果:

```
6!的值为 720
```

【课堂案例 6-15】 利用递归求斐波那契数列的第 20 个数。

```
#include<stdio.h>
int f(int n)
{
    if(n==1||n==2)
```

```
    return 1;
    else
    return f(n-1)+f(n-2);
}
int main()
{
    int n=20;
    printf("斐波那契数列的第 20 个数是%d\n",f(20));
}
```

运行结果：

```
斐波那契数列的第 20 个数是 6765
```

【课堂案例 6-16】 汉诺(Hanoi)塔问题：有一个梵塔，塔内有 3 个座 A、B、C。A 座上有 64 个盘子，盘子的大小各不相等，大盘在下，小盘在上。先要将这 64 个盘子从 A 座移动到 C 座，但必须每次移动一个，且每次移动都要保证大盘在下，小盘在上，在移动过程中可以借助 B 座。

以 3 个盘子为例，执行过程如下：

初始状态：A 座上有 3 个盘子，效果如图 6-2 所示。

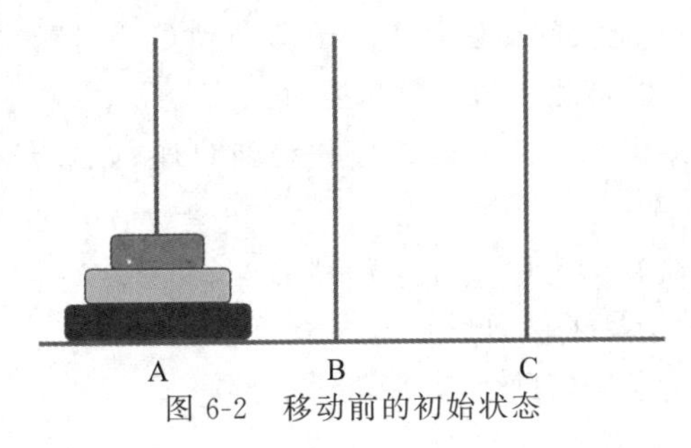

图 6-2　移动前的初始状态

(1) 要把这 3(n)个盘子都挪动到 C 座上，需要先把前两(n－1)个盘子移动到 B 座上。过程如图 6-3 和图 6-4 所示，借助 C 座，将前两(n－1)个盘子都移动到 B 座上。

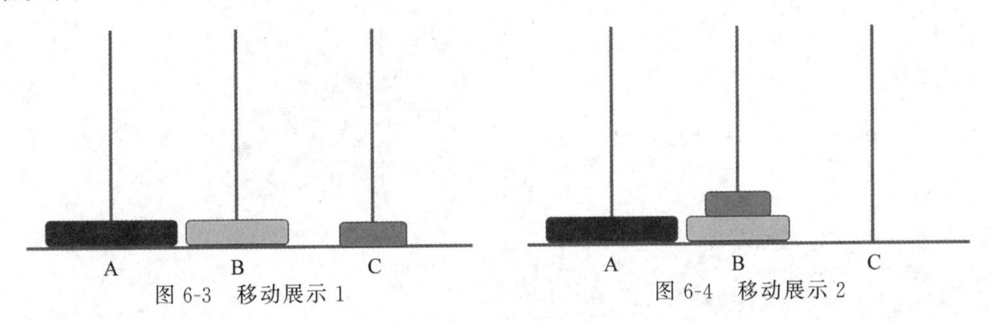

图 6-3　移动展示 1　　图 6-4　移动展示 2

(2) 将最后一个盘子从 A 座移动到 C 座，完成了将 A 座的盘子移动到 C 座上的第一个盘子的移动，如图 6-5 所示。

(3) 将 B 座上的两(n－1)个盘子借助 A 座移动到 C 座上，并将 B 座上的最后一个盘子移动到 C 座上，如图 6-6 和图 6-7 所示。

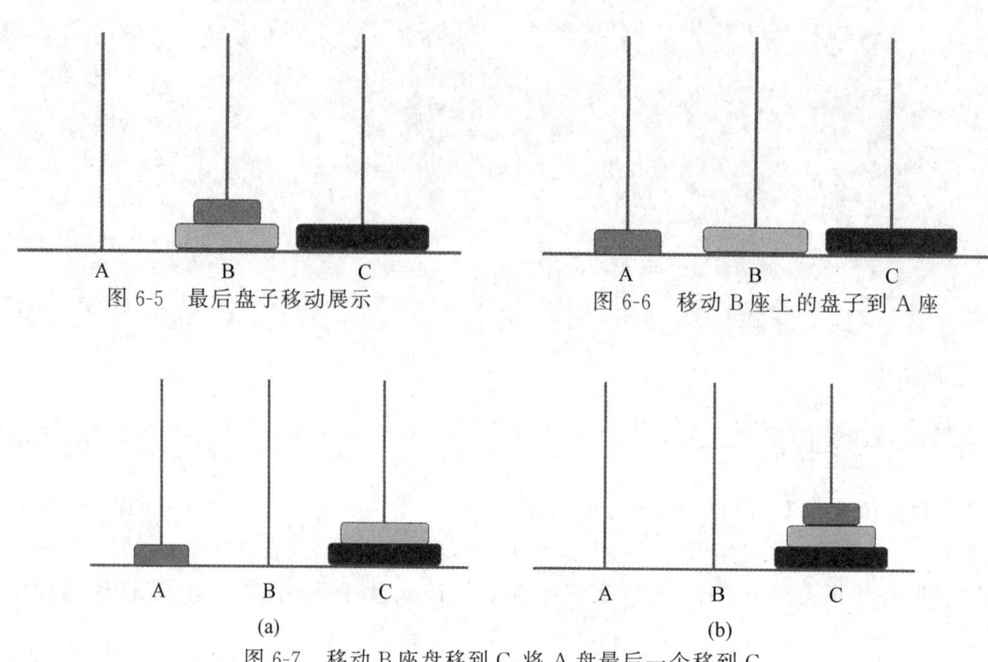

图 6-5　最后盘子移动展示

图 6-6　移动 B 座上的盘子到 A 座

图 6-7　移动 B 座盘移到 C,将 A 盘最后一个移到 C

递归过程可以描述为：有 n 个盘子从 A 座移动到 C 座上，首先将 n−1 个盘子借助 C 座移动到 B 座上，然后将 A 座上的最后一个盘子移动到 C 座；接着将 B 座的 n−1 个盘子借助 A 座移动到 C 座上。可以将此递归函数描述为：

如果有一个盘子，直接将这个盘子从 A 座移动到 C 座；如果有 n(n>1)个盘子，则需要持续进行以下操作：

(1) 将 A 座的 n−1 个盘子借助 C 座移动到 B 座。

(2) 将 A 座剩余的一个盘子移动到 C 座。

(3) 将 B 座的 n−1 个盘子借助 A 座移动到 C 座。

将以上的逻辑方法表示出来，代码如下：

```
#include<stdio.h>
void mov(char x,char y)
{
    printf("%c移动到%c\n",x,y);
}
void hanoi(int n,char A,char B,char C)
{
    if(n==1)
    mov(A,C);
    else
    {
        hanoi(n-1,A,C,B);              //将 A 座的 n-1 个盘子借助 C 座移动到 B 座上
        mov(A,C);                      //将剩下的第 n 个盘子移动到 C 座上
        hanoi(n-1,B,A,C);              //将 B 座的 n-1 个盘子借助 A 座移动到 C 座上
    }
    }
```

```
int main()
{
    int n;
    printf("请输入盘子的个数:\n");
    scanf("%d",&n);
    printf("盘子的移动过程为:\n");
    hanoi(n,'A','B','C');
    return 0;

}
```

以上过程仅将移动的思路展示出来,并没有具体的盘子对应编号进行移动操作,帮助大家理解递归的实用性。

【分析】

n=3 时,执行 else。

```
hanoi(2,A,C,B);——>hanoi (1,A,B,C) ;——>move(A,C);
                  move(A,B);
                  hanoi(1,C,A,B);——>move(C-->B)
 move(A,C);
 hanoi(2,B,A,C);——>hanoi(1,B,C,A);——>move(B,A);
                   move(B,C);
                   honoi(1,A,B,C)——>move (A,C)
```

任务实现

1. 完成“学生选课系统”的主功能模块化设计。该函数的功能为显示主功能界面。效果如图 6-8 所示。

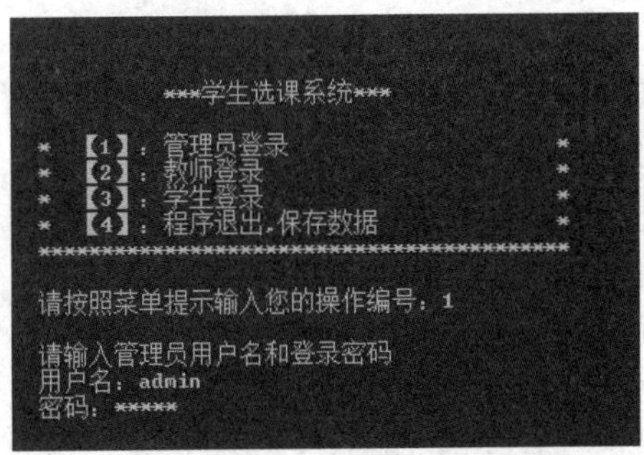

图 6-8　选课系统模块化

代码设计:

```
void ordermenu(){
    printf("\n\n\n\t   ***学生选课系统***\n\n");
    printf("*   【1】:管理员登录                        *\n");
    printf("*   【2】:教师登录                          *\n");
```

```
    printf("*  【3】:学生登录                          *\n");
    printf("*  【4】:程序退出,保存数据                  *\n");
    printf("********************************************\n");
}
```

2. 完成学生选课系统的“主功能”选项设计，如：当输入编号1时，进入管理员的处理操作；当输入编号2时，进入教师的处理操作；当输入编号3时，进入学生的处理操作；其他情况则退出该系统。

代码设计：

```
void start(){
    char ch_input;
    int iFlag=1;
    while(iFlag){
        system("cls");                   //清屏
        fflush(stdin);
        ordermenu();
        fflush(stdin);
/*清空输入缓冲区,通常是为了确保不影响后面的数据读取(例如在读完一个字符后紧接着又要
读取一个字符,此时应该先执行 fflush(stdin);)*/
        printf("\n请按照菜单提示输入您的操作编号:");
        ch_input=getchar();
        switch(ch_input)
        {
            case '1':
                login_Manager();
                break;
            case '2':
                login_tea();
                break;
            case '3':
                //学生验证,验证成功显示学生信息,否则提示学号或密码有误
                login_stu();
                break;
            default:
                iFlag=0;
                break;
        }
    }
}
```

由上可知，系统的主功能选择之后要执行的操作均设计为模块化，保证程序清晰明了，易于维护。

【说明】 为了体现模块化设计的优势，对于每个分支的功能可以简单写一个提示信息，后期再根据具体的功能进行详细编写。

课后实验

实验5　函数应用

一、实验目的

1. 掌握自定义函数的结构及函数定义、函数声明、函数调用的一般方法。

2. 掌握形参、实参、函数原型等重要概念，理解参数传递的过程。

3. 掌握数组作为函数参数、函数的嵌套和递归在编程中的应用。

4. 掌握程序的动态调试方法。

二、实验内容

1. 求三角形面积。编写一个根据三角形的三条边求三角形面积的函数，计算给定三角形的面积。在主函数中测试。

2. 输入整数 n 值，求 1!＋2!＋3!＋…＋n!。

(1) 用一般函数实现阶乘求值。

(2) 用递归函数实现阶乘求值。

3. 分别编写求两个整数的最大公约数和最小公倍数的函数，并在主函数中调用它们（要求结果在主函数中输出）。

4. 定义一个求素数函数。

(1) 编写一个判断素数的函数，当一个数为素数时，函数返回值为 1，否则为 0。

(2) 在主函数中从键盘任意输入 10 个整数，求所有的素数之和。对素数的判断要求调用上面的素数函数实现。

5. 编写函数将主函数中的字符串逆序存放，结果在主函数中输出。

6. 5 名学生 5 门课的成绩用二维数组作参数，分别用函数求出以下内容：

(1) 每个学生的平均分(初始化所有成绩值)。

(2) 每门课程的平均分。

7. 从键盘输入 m 和 n 的值，然后计算 C_m^n。$C_m^n = m!/(n! \times (m-n)!)$。要求设计一个函数能求 X!，在主函数中多次调用该函数以达到求 C_m^n。

8. 有 5 名学生，每名学生的数据包括学号、姓名、3 门课的成绩，从键盘输入 5 名学生的数据，要求打印出每名学生 3 门课的总平均成绩(包括学号、姓名、3 门课的成绩)，以及最高分的学生的数据(包括学号、姓名、3 门课的成绩以及总平均成绩)。

要求用 input() 函数输入 5 名学生的数据，用 average() 函数求总平均成绩，用 max() 函数找出最高分的学生数据，总平均成绩和最高分的学生数据都在主函数中输出。

三、实验指导

1. 求三角形面积。编写一个根据三角形的三条边求三角形面积的函数，计算给定三角形的面积。在主函数中测试。

【程序指导】

```
#include<stdio.h>
```

```
#include<math.h>
float fun(float a,float b,float c);
int main()
{
float a,b,c,s;
printf("Please enter a b c:");
scanf("%f%f%f",&a,&b,&c);
if ((a+b>c)&&(a+c>b)&&(b+c>a))
{
s=fun(a,b,c);
printf("该三角形的面积是:%f\n",s);
}

}
float fun(float a,float b,float c)
{
float p,s;
//printf("%f\n%f\n%f\n",a,b,c);
p=(a+b+c)/2;
s=sqrt(p*(p-a)*(p-b)*(p-c));
return s;
}
```

运行结果：

```
Please enter a b c:3 4 5
该三角形的面积是:6.000000
```

2. 输入整数 n 值，求 1!＋2!＋3!＋…＋n!。

(1) 用一般函数实现阶乘求值。

(2) 用递归函数实现阶乘求值。

【程序指导】

1) 一般函数实现

```
#include<stdio.h>
int main()
{
int i;
int fac(int n);
int nNumber;
int nSum = 0;
printf("请输入一个整数 N:\n");
scanf("%d", &nNumber);
for ( i = 1; i <= nNumber; i++)
{
    nSum=nSum+fac(i);
}
printf("1!+2!+…+%d!=%d \n",nNumber,nSum);
return 0;
```

```
}
int fac(int n)
{
    int i,s=1;
    for(i=1;i<=n;i++)
    s=s*i;
    return s;
}
```

2）递归函数实现

```
#include<stdio.h>
#include<math.h>
int main()
{
int i;
int fac(int n);
int nNumber;
int nSum = 0;
printf("请输入一个整数N:\n");
scanf("%d", &nNumber);
for ( i = 1; i <= nNumber; i++)
{
    nSum=nSum+fac(i);
}
printf("1!+2!+…+%d!=%d \n",nNumber,nSum);
return 0;
}
int fac(int n)
{
//  int i=1,s=1;
    int s;
    if(n==1)
    s=1;
    else
    s=  fac(n-1)*n;
    return s;
}
```

运行结果：

```
请输入一个整数N:
5
1!+2!+…+5!=153
```

3. 分别编写求两个整数的最大公约数和最小公倍数的函数，并在主函数中调用它们（要求结果在主函数中输出）。

【程序指导】

```
#include<stdio.h>
int maxyue(int a,int b)                    //最大公约数,利用辗转相除法
{
    int c;
    while(b!=0)
    {
    c=a%b;
    a=b;
    b=c;
    }
    return a;
}
int maxbei(int a,int b)
{
    int s;
    s=a/maxyue(a,b) * b;                   //最大公约数乘以最小公倍数是这两个数的乘积
}
int main()
{
    int a,b,s,n;
    printf("请输入两个整数:\n");
    scanf("%d%d",&a,&b);
    s=maxyue(a,b);
    n=maxbei(a,b);
    printf("最大公约数是:%d ",s);
    printf("最小公倍数是:%d",n);
    return 0;
}
```

运行结果:

```
请输入两个整数:
8 4
最大公约数是:4 最小公倍数是:8
```

4. 定义一个求素数函数。

(1) 编写一个判断素数的函数,当一个数为素数时,函数返回值为 1,否则为 0。

(2) 在主函数中从键盘任意输入 10 个整数,求所有的素数之和。对素数的判断要求调用上面的素数函数实现。

【程序指导】

```
#include<stdio.h>
#include<math.h>
int main()
{
int a,i,sum=0,n=0;
int isSushu(int n);                        /* 函数声明 */
```

```
printf("请输入 10 个整数:\n");
for(i=1;i<=10;i++)
{
    scanf("%d",&a);
    if(isSushu(a))
    {
      sum=sum+a;
      n++;
    }
}

printf("这 10 个数中共有素数%d 个,和为%d",n,sum);
printf("\n");
}
int isSushu(int n)                         /*函数定义*/
{
int j,t;
for(j=2;j<=sqrt(n);j++)
if(n%j==0)
{
t=0;
break;                                     //不是素数
}
else
t=1;
return t;                                  //说明是素数
}
```

运行结果:

```
请输入 10 个整数:
5 6 7 1 8 3 9 18 17 52
这 10 个数中共有素数 5 个,和为 33
```

5. 编写函数将主函数中的字符串逆序存放,结果在主函数中输出。

【程序指导】

```
#include<stdio.h>
#include<string.h>
#define N 50
//反序字符串 x 并返回
void reverse(char x[],int len)
{
    int i, n = len / 2;
    char tem;
    for (i = 0; i <n; i++)
    {
        tem = x[i];
        x[i] = x[len - 1 - i];
```

```
        x[len - 1 - i] = tem;
    }

}
int main()
{
char a[N],i;
printf("请输入一串字符:\n");
gets(a);
printf("逆序后的字符串为:\n");
reverse(a,strlen(a));
puts(a);
return 0;
}
```

运行结果：

```
请输入一串字符:
chinese
逆序后的字符串为:
esenihc
```

6. 5名学生5门课的成绩用二维数组作参数，分别用函数求出以下内容：

(1) 每名学生的平均分(初始化所有成绩值)。

(2) 每门课程的平均分。

【程序指导】

```
#include<stdio.h>
int main()
{
int a[5][5]={{65,98,98,78,87},{12,6,5,9,34},{56,89,8,78,87},
             {90,12,84,48,56},{12,89,23,97}};                //数组元素全部初始化
void average(int a[5][5]);
void single(int a[5][5]);
average(a);
single(a);
return 0;
}
void average(int a[5][5])                                   //每名学生的平均分
{
int i,j,sum=0;
float aver;
for(i=0;i<5;i++)
{
    sum=0;
for(j=0;j<5;j++)

sum=sum+a[i][j];
aver=sum/5.0;
```

```
printf("第 %d 名学生的平均分为 %.2f\n",i+1,aver);
}

}
void single(int a[5][5])                    //每门课程的平均分
{
int i,j,sum=0;
float aver;
for(j=0;j<5;j++)                            //列
{
    sum=0;
for(i=0;i<5;i++)
sum=sum+a[i][j];
aver=sum/5.0;
printf("第 %d 门课程的平均分为 %.2f\n",j+1,aver);
}
}
```

运行结果：

```
第 1 名学生的平均分为 85.20
第 2 名学生的平均分为 13.20
第 3 名学生的平均分为 63.60
第 4 名学生的平均分为 58.00
第 5 名学生的平均分为 44.20
第 1 门课程的平均分为 47.00
第 2 门课程的平均分为 58.80
第 3 门课程的平均分为 43.60
第 4 门课程的平均分为 62.00
第 5 门课程的平均分为 52.80
```

7. 从键盘输入 m 和 n 的值，然后计算 C_m^n。$C_m^n = m!/(n! \times (m-n)!)$。要求设计一个函数求 X!，在主函数中多次调用该函数以达到求 C_m^n。

【程序指导】

```
#include<stdio.h>
int main()
{
float fact(int n);
int n,m;
float y;
do                          /*输入 m、n,如果 m<n 或 n<0,则重新输入,即要求 m≥n≥0*/
{
printf("请输入两个整数 m 和 n\n");
scanf("%d%d",&m,&n);
}while(m<n||n<0);
y=fact(m)/(fact(n)*fact(m-n));
printf("%f\n",y);
```

```
return 0;
}
float fact(int n)
{
int i;
float s=1.0;
for(i=1;i<=n;i++)
s=s * i;
return s;
}
```

运行结果：

```
请输入两个整数 m 和 n
10 12
请输入两个整数 m 和 n
8 4
70.000000
```

8. 有 5 名学生，每名学生的数据包括学号、姓名、3 门课的成绩，从键盘输入 5 名学生的数据，要求打印出每名学生 3 门课的总平均成绩(包括学号、姓名、3 门课的成绩)，以及最高分的学生的数据(包括学号、姓名、3 门课的成绩以及总平均成绩)。

要求用 input()函数输入 5 名学生的数据，用 average()函数求总平均成绩，用 max()函数找出最高分的学生数据，总平均成绩和最高分的学生数据都在主函数中输出。

【程序指导】

```
#include<stdio.h>
#include<string.h>
#define N 3
#define M 3
struct Student
{
char num[20];
char name[12];
double score[M];
};
//声明定义的各个函数
void output(struct Student ss[]);
void input(struct Student ss[]);
struct Student max(struct Student ss[]);
float average(struct Student s);
int main()
{
int i,j;
struct Student stu[N];
struct Student st;
float avg;
//输入 5 名学生的数据
```

```
input(stu);
//输出所有学生的基本信息
output(stu);
//输出学生的姓名、学号以及 3 门课的平均成绩
    printf("输出学生的以下信息\n");
    printf("学号      姓名    平均成绩    \n");
    for(i=0;i<N;i++)
    {
    printf("%s\t%s\t",stu[i].num,stu[i].name);
    printf("%.2f\t",average(stu[i]));
    printf("\n");
    }
//输出 3 门课总平均成绩最高的学生数据
printf("3 门课总平均成绩最高的学生数据为:\n");
st=max(stu);                        //得到了最高平均成绩的学生信息 st,输出 st 的信息
avg=(st.score[0]+st.score[1]+st.score[2])/M;
printf("学号\t 姓名\t 成绩 1\t 成绩 2\t 成绩 3\t 平均成绩\n");
printf("%s\t%s\t%.2f\t%.2f\t%.2f\t%.2f\n",st.num,st.name,st.score[0],st.
score[1],st.score[2],avg);
}
//定义一个 input()函数,用于输入 5 名学生的数据
void input(struct Student ss[])
{
int i,j;
//struct Student * q;
printf("请输入所有学生的信息\n");
printf("学号      姓名    成绩 1    成绩 2    成绩 3    \n");
for(i=0;i<N;i++)                            //输入 10 名学生的成绩
{
    scanf("%s %s",ss[i].num, ss[i].name);
    for(j=0;j<M;j++)
    scanf("%lf",&ss[i].score[j]);    //输入 3 个成绩
}
}
//定义一个输出学生信息的函数 output()
void output(struct Student ss[])
{
int i,j;
    printf("所有学生的信息如下:\n");
printf("学号      姓名    成绩 1    成绩 2    成绩 3    \n");
for(i=0;i<N;i++)                            //输出 10 名学生的基本信息
{
    printf("%s\t%s\t",ss[i].num,ss[i].name);
    for(j=0;j<M;j++)
        printf("%.2f\t",ss[i].score[j]);
    printf("\n");
}
printf("\n");
}
//计算每名学生 3 门课的总平均成绩
```

```
float average(struct Student s)
{
int i;
float sum=0;
//求该学生的3门课的总平均成绩
    for(i=0;i<3;i++)
    sum=sum+s.score[i];
    return sum/3;
}
//定义一个函数,用于求出成绩的最高分
struct Student max(struct Student ss[])
{
    int max,i;
    struct Student s;
    float a;                          //第一名学生的3门课的总平均成绩
    a=average(ss[0]);
    max=a;                            //将第一名学生3门课的平均成绩赋值给max
    s=ss[0];
    for(i=1;i<N;i++)
    {
    if(max<average(ss[i]))            //如果有学生3门课的平均成绩比max高,则将该
                                      //学生的信息给s
    {
            s=ss[i];
            max=average(ss[i]);

        }
    }
    return s;                         //返回该学生
}
```

运行结果:

```
请输入所有学生的信息
学号   姓名   成绩1   成绩2   成绩3
 1    Zhang   85      74      90
 2     Li     52      84      76
 3    Zhao    84      78      95
所有学生的信息如下:
学号   姓名   成绩1   成绩2   成绩3
 1    Zhang  85.00  74.00  90.00
 2     Li    52.00  84.00  76.00
 3    Zhao   84.00  78.00  95.00
输出学生的以下信息
学号   姓名   总平均成绩
 1    Zhang   83.00
 2     Li     70.67
 3    Zhao    85.67
3门课总平均成绩最高的学生数据为:
```

```
学号  姓名  成绩1  成绩2  成绩3  平均成绩
 3   Zhao  84.00  78.00  95.00   85.67
```

四、实验思考

1. 函数的功能及优点是什么？
2. 函数的定义应注意什么？如何嵌套调用？
3. 函数没有返回值怎么定义？

项目 7 “学生选课系统”的信息动态存储

学习目标

1. 掌握指针的含义。
2. 掌握指针变量在程序中的应用。
3. 掌握通过指针引用数组和字符串的方法。
4. 掌握指针在动态内存分配中的应用。
5. 了解指针在链表中的应用。

项目内容分析——“学生选课系统”的信息动态存储

在“学生选课系统”中，有很多需要存储的信息，对于某些信息，因为在输入前有许多信息不确定存储空间，为了保证数据正常存储，使用数组存储，会定义足够固定长度的数组。但是这样会浪费内存空间，为此，C 语言允许建立内存动态分配方式，需要时随时向系统申请开辟适当的空间，这就需要使用指针来解决。

任务说明

本次任务学习课程信息的动态存储，巩固学习指针等相关知识。课程信息的存储效果如图 7-1 所示。

```
【 9】: 课程信息查询
【10】: 增加课程信息
【11】: 课程信息修改
【12】: 课程信息删除

其他 : 管理员退出
请选择您的选项: 10

已有任课教师信息列表如下:

现有教师信息列表如下:
        学号            姓名
         01           张老师
         02           李老师
         03           王老师

已有课程信息列表如下:

现有课程信息列表如下:
  课程编号      课程名称                                任课教师工号     任课教师姓名
     1111       数据结构                                02               李老师
     2222       C语言程序设计                           03               王老师
     3333       高等数学                                01               张老师
     4444       大学英语                                02               李老师
     5555       Java程序设计                            02               李老师
     1122       计算机网络基础                          01               张老师

友情提示: 请输入有效的待增加课程编号、课程名称及已有任课教师工号--->
请输入已有任课教师工号(放弃增加请输入exit):
```

```
友情提示: 请输入有效的待增加课程编号、课程名称及已有任课教师工号--->
请输入已有任课教师工号(放弃增加请输入exit): 01
请输入该课程任课教师编号: 01
请输入待增加的课程编号(放弃增加请输入exit): 1122
请输入待增加的课程名称(放弃增加请输入exit): 计算机网络基础

您输入的待增加课程编号为: 1122, 课程名称为: 计算机网络基础, 该课程任课教师为: 张老师, 请按以下要求输入信息--->
【1】: 保存该信息
【2】: 删除该信息, 并重新输入
其他 : 放弃增加新信息
请选择您的选项: 1

添加课程信息成功!是否继续追加课程信息? y/n:
```

图 7-1　课程信息的存储效果

任务 7.1　指针与指针变量

在C语言中，变量存放于系统的内存中。内存是系统分配的地址空间，每个变量在这块空间中占用相应字节的存储单元。例如，Visual C++ 为整型变量分配 4 字节，而每一字节都有一个编号，即地址。地址指的是在内存中的位置，又叫作指针，表示可以通过这个地址找到以它为地址的内存单元。地址（指针）信息中不仅包括位置信息（内存编号），还包含它所指向的数据类型的信息。例如 int a;，则 &a（表示 a 的地址）中所包含的信息包含对应内存中的地址编号以及它所指向的数据的类型信息。

在C语言中，访问变量有两种方式，第一种是“直接访问”，即直接按变量名进行访问，例如“printf("%d",x);”输出变量 x 的内容，直接通过变量名进行访问；第二种是“间接访问”，即将变量的地址存放到另一个变量中，通过另一个变量获取该变量的地址，并访问该变量。C语言中将存放地址（指针）的变量称为指针变量。

例如，有一个 int 类型的变量 x（int x=123;），它存储了数据 123，并占用了地址为 0X11B 的内存（地址通常用十六进制表示）。如果有一个变量 y，它的值为 0X11B，即变量 y 的值等于变量 x 的地址，这种情况下，可以通过变量 y 获取变量 x 的地址，即 y 指向 x。此时，可以通过变量 y 访问变量 x，y 是指针变量。

指针变量的值就是某个地址值，该变量只能存放地址，不能存储普通变量。

1. 定义指针变量

定义指针变量时，需要在变量名前面加星号 *，格式为：

```
数据类型    *变量名;
```

或者

```
数据类型    * 变量名;
```

或者

```
数据类型*   变量名;
```

以上三种方式均可。

* 表示变量类型为指针变量，在这里是类型说明符。

数据类型则表示该指针变量所指向的数据类型。

例如：

```
int *p;                                    //p是一个指向 int 类型数据的指针变量
int a = 100;
int *p_a = &a;
```

定义了一个指针变量 p_a，该变量中初始化的数据为整型变量 a 的地址，因此 p_a 指向 a。

又如：

```
double a=20.0,b=34.5;
double *p1=&a, *p2=&b;   //此时指针变量 p1 指向 a,指针变量 p2 指向 b
```

若有 p1=p2 语句，则指针变量 p1 不再指向变量 a，此时 p1 和 p2 都指向变量 b。

可见，指针变量中所存储的地址值是可以进行多次改变的，它的指向关系也会随着不同的地址赋值而发生变化。

2. 指针变量的赋值

前面学习过，指针变量的值只能存放地址，不能存放普通变量。指针变量的赋值有以下两种方式：

一是定义时直接赋初值。例如：

```
int a=100;int *p=&a;
```

二是单独赋初值。例如：

```
int a=100, *p;        //定义了两个变量:一个是普通变量 a 并赋值 100;另一个是指针变量 p
p=&a;                 //将 a 的地址赋值给指针变量 p,此时 p 指向变量 a
```

3. 通过指针变量取得数据

前面学习过，访问变量的方式可以采用直接访问和间接访问的形式，按照变量名的方式访问变量为直接访问，按照指针变量的指向关系访问变量为间接访问。那么如何通过指针变量来取得它所指向的变量数据呢？

引用格式为：

```
*指针变量名  //注意这里的*是引用,是指针运算符,用来取得某个地址的数据。如果*出现在
             //定义指针变量的语句中,则是一个类型说明符,注意区分
```

*指针变量名表示的是所指向的存储单元，例如：

```
int a=20;
int *p=&a;  /*当通过指针变量访问变量 a 时,使用*p,*p 表示 p 指针所指向的存储单元,即
              *p 等价于变量 a。对*p 的操作就相当于对 a 的操作*/
```

【课堂案例 7-1】 通过指针变量访问并修改变量数据。

```
#include<stdio.h>
int main(){
    int a = 15;
    int *p = &a;
printf("%d, %d\n", a, *p);  //通过直接访问和间接访问的形式来显示变量 a 的数据
//在使用指针运算符时,*p 等价于所指向的存储单元,即等价于 a 变量
*p=25;                      //通过指针变量修改它所指向的存储单元内容,等价于 a=25 语句
printf("%d, %d\n", a, *p);
    return  0;
}
```

运行结果：

```
15, 15
25, 25
```

从上例可以得出，指针变量不仅可以访问它所指向的内存的数据，还可以修改其数据。

【注意】 指针变量只有赋初值以后才可以访问其指向的存储单元。例如：

```
int a=100, *p;
*p=100;        //此时p中没有赋初值，则p的值是一个当前内存中的随机数，直接通过*p访问
               //属于非法操作未知的区域，是错误的
```

【课堂案例 7-2】 通过指针变量交换两个变量的值。

```
#include<stdio.h>
int main(){
    int a = 10, b = 20, temp;
    int *p1= &a, *p2 = &b;
    printf("a=%d, b=%d\n", a, b);
    //通过指针变量实现a和b数据的交换
    temp = *p1;                    //*p1等价于a，即将a的值先保存到temp临时变量中
    *p1 = *p2;                     //此语句等价于a=b;语句，即将b的值赋给a
    *p2 = temp;                    //将temp中的值赋给b，完成交换
    printf("a=%d, b=%d\n", a, b);
    return 0;
}
```

运行结果：

```
a=10, b=20
a=20, b=10
```

任务 7.2　指针引用数组

观看视频

指针变量用于存储地址值，任务7.1中主要学习了关于指针变量存储普通变量的地址，即指针指向普通变量。指针变量还可以存储数组元素的地址，即指向数组元素。

1. 指针引用数组

当指针指向数组元素时，可以通过指针对数组元素进行操作，此时元素可以使用下标法（如a[3]），也可以使用指针法，即通过指向数组元素的指针找到所需的元素，使用指针法能使目标程序质量更高，所占内存更小，运行速度更快。

指针指向数组的方法：定义一个与数组元素相同类型的指针变量，只要将数组元素的地址赋值给该指针变量，即可通过指针引用数组元素。

在C语言中，数组名代表数组中首元素（序号为0的元素）的地址，因此，下面两条语句是等价的：

```
p = &a[0];                              //p 的值是 a[0]的地址
p = a;                                  //p 的值是数组 a 首元素(a[0])的地址
```


【注意】 数组名不代表整个数组,只代表数组首元素的地址。

2. 在引用数组元素时指针的运算

当指针变量指向数组元素时,可以对指针进行加减运算,其他运算没有意义。

(1) 加一个整数,如 p+1;p 指向某一个数组元素,则 p+1 表示移动到下一个数组元素。执行 p+1 时并不是将 p 的值(地址)简单地加 1,而是加上一个数组元素所占用的字节数。例如,数组元素是 float 型,每个元素占用 4 字节,则 p+1 意味着使 p 的值加 4 字节,以使它指向下一个元素。

(2) 减一个整数,如 p-1;p 指向某一个数组元素,则 p-1 表示移动到前一个数组元素,指向同一个数组中的上一个元素。

自加运算,如 p++、++p。

自减运算,如 p--、--p。

(3) 两个指针相减,如 p1-p2(只有 p1 和 p2 指向同一个数组中的元素时,才可以进行相减),得到的值((地址 1-地址 2)/sizeof(数组元素类型))是两个数组元素的相差单元。p1+p2 没有意义。

(4) 若 p 为数组 a 的首地址,即 &a[0],则 p+i 和 a+i 就是数组元素 a[i]的地址,它们指向 a 数组序号为 i 的元素;此时也可以表示成 p[i],p[i]等价于a[i],在程序编译时,会将 p[i]处理成 *(p+i)。

(5) *(p+i)和 *(a+i)是 p+i 或 a+i 所指向的数组元素,即 a[i]。例如,*(p+5)与 *(a+5)指的是元素 a[5]。

【课堂案例 7-3】 指针变量指向数组元素案例。

```
#include<stdio.h>
int main()
{
    int a[10];
    int * p, i;
    printf("请输入 10 个整数:");
    for(i=0;i<10;i++)
      scanf("%d", &a[i]);               //通过键盘输入 10 个整数,分别赋给数组各元素
    for(p=a;p<(a+10);p++)
    printf("%d ", * p);                 //用指针指向当前的数据元素
    printf("\n");
    return  0;
}
```

运行结果:

```
请输入 10 个整数:5 6 8 7 4 2 30 9 8 21
5 6 8 7 4 2 30 9 8 21
```

【课堂案例 7-4】 定义一个函数,将数组中的整数逆序存放。

(1) 数组名作为函数参数完成测试。

(2) 利用指向数组的指针作为函数参数完成测试。

方法一:

```
#include<stdio.h>
#define N 5
void inverse(int a[],int n)
{
    int temp,i;
    for(i=0;i<n/2;i++)
    {
        temp=a[i];
        a[i]=a[n-1-i];
        a[n-1-i]=temp;
    }
}
int main()
{
    int b[N]={1,2,3,4,5};
    int i;
    inverse(b,N);
    for(i=0;i<N;i++)
    printf("%d ",b[i]);
}
```

方法二:将函数的形参改为指针类型 a,其他代码同方法一。

```
#include<stdio.h>
#define N 5
void inverse(int *a,int n)
{
    int temp,i;
    for(i=0;i<n/2;i++)
    {
        temp=a[i];          //此时 a 为指针类型,但也可以用[下标]的形式表示对应的元素
        a[i]=a[n-1-i];
        a[n-1-i]=temp;
    }
}
int main()
{
    int b[N]={1,2,3,4,5};
    int i;
    inverse(b,N);
    for(i=0;i<N;i++)
    printf("%d ",b[i]);
}
```

将函数的实参也改为指针类型，代码修改如下：

```
#include<stdio.h>
#define N 5
void inverse(int *a,int n)
{
    int temp,i,j;
    for(i=0;i<n/2;i++)
    {
        j=n-1-i;
        temp=*(a+i);                    //此时将指针移动采用*(a+i)的形式
        *(a+i)=*(a+j);
        *(a+j)=temp;
    }
}
int main()
{
    int b[N]={1,2,3,4,5};
    int *p,i;
    p=b;
    inverse(p,N);
    for(p=b;p<(b+N);p++)
    printf("%d ",*p);
}
```

运行结果：

```
5 4 3 2 1
```

注意以上两种书写形式的区别。

观看视频

任务 7.3　指针引用字符串

在C语言中，字符串放在字符数组中进行处理。一个字符串常量通过字符数组进行存放。如果要引用一个字符串，可以通过字符数组来完成。例如：

```
#include<stdio.h>
int main()
{
    char c[20]="hello world!";
    printf("%s",c);
//通过数组名c，即字符数组的首元素地址，找到字符串的起始位置，并逐个输出，直到遇到'\0'标
//记为止
}
```

输出：

```
hello world!
```

在任务 7.2 学习了如何通过指针引用数组，那么是否可以通过指针引用字符串呢？如何通过指针来引用一个字符串呢？

1. 字符型指针引用字符串

因为字符串存放在一个字符数组中，字符数组本身就是一个数组，所以可以通过字符型指针变量引用字符串，其引用方式与引用数组的方式相同。对以上程序进行以下修改：

```
#include<stdio.h>
int main()
{
    char * c="hello world!";            //通过字符指针引用字符串常量
    for(; * c!='\0';c++)
    printf("%c", * c);
/* printf("%s",c);对于指针变量 c 也可以%s 格式输出,从首地址开始输出,直到遇到'\0'结
束标记为止 */
}
```

输出结果：

```
hello world!
```

与字符数组引用字符串的输出结果相同。

因为字符串常量在 C 语言中按照字符数组存放，所以在内存中开辟了一个字符数组来存放常量“hello world!”，字符串中的所有字符在内存中是连续排列的。而指针变量 c 则获取了该字符数组的首元素地址。即语句 char *c="hello world!";的作用是将一个字符串常量所对应的字符数组的首元素地址赋给指针变量 c，而不是将整个字符串赋给 c。

【课堂案例 7-5】 利用指针变量实现两个字符串的连接。

```
#include<stdio.h>
#include<string.h>
int main(){
    char str1[20]= "I am";
    char * str2;
    str2=" a student!";                 //等价于 char * str2=" a student!";
    int i,j;
    //直接输出字符串
    printf("str1=%s\n", str1);
    printf("str2=%s\n",str2);
    i=strlen(str1);                     //求 str1 数组中的字符串长度
    for(; * str2!='\0';str2++,i++)
        str1[i]= * str2;
    //执行完连接后,需要将'\0'字符单独赋值到 str1 的最后
    str1[i]='\0';
    printf("将 str2 连接到 str1 的后面,形成的新串内容是:\n");
    printf("%s", str1);
    return 0;
}
```

运行结果：

```
str1=I am
str2= a student!
将 str2 连接到 str1 的后面,形成的新串内容是:
I am a student!
```

由此可见，字符型指针变量存储了字符串的首个字符的地址，可以通过指针变量逐个读取字符串中的字符，直到遇到'\0'为止。

2. 字符型指针变量与字符数组的区别

字符型指针变量与字符数组都可以引用字符串，在具体的使用过程中存在以下区别。

(1) 字符数组在内存中是一个连续的存储单元，每个存储单元存储一个字符；字符型指针变量是一个存储单元，其中只能存放一个字符型变量的地址。

(2) 字符数组引用字符串时，可以通过字符数组对字符串中的信息进行修改；字符型指针变量引用字符串时，可以通过 *(c+i)或 c[i]读取其所指向的字符串中的信息，但不可以修改。

例如：

```
char c[]="I am";
c[2]= 'A';
```

则字符串"I am"改为"I Am"。

但改为：

```
char * c="I am";
c[2]= 'A';
```

错误，不能通过指针变量修改其字符串中的信息。

在字符数组 c 中，将"I am"字符串常量中的信息存储到给数组分配的存储单元中，既有读取权限，又有写入权限；而字符型指针变量则是存储了"I am"字符串常量的首地址，字符串常量存储在常量区，常量区的数据不能修改，只能读取。

(3) 字符数组定义不赋初值，可以直接使用；而字符型指针变量不赋初值，不可以直接使用，因为不确定指向哪块存储单元，故不能进行赋值。

例如：

```
char c[20];
gets(c);
```

是正确的。

修改为：

```
char * c;
gets(c);
```

提示错误：The variable 'c' is being used without being initialized。由此可知，字符型指针变量必须被初始化后，得到具体的地址值才能被使用。

(4) 字符型指针变量可以用赋值语句赋值，而字符数组名不可以直接赋值。

例如：

```
char * str2;
str2="program";
```

是正确的。

```
char str2[20];
str2="program";
```

是错误的。

(5) 字符型指针变量的值中间可以修改，字符数组一旦定义，不允许再对字符数组名进行赋值。

例如：

```
char str2[20]="program";
char str1[10]="world";
char * s1="hello";
s1=str1;              //正确
str2=str2+1;          //错误,字符数组一旦定义,在系统中就定义好了存储空间,数组名为该空
                      //间的首元素地址,是一个常量值,不允许修改
```

【课堂案例 7-6】 利用指针变量实现两个字符串的复制。

```
#include<stdio.h>
#include<string.h>
int main(){
    char * str1= "I am";
    char * str2="a student!";
    int i;
    //输出字符串
    printf("str1=%s\n", str1);
    printf("str2=%s\n",str2);
    i=0;
    for(; * str2!='\0';str2++,i++)
        str1[i]= * str2;
    //执行完复制后,需要将'\0'字符单独赋值到 str1 的最后
    str1[i]='\0';
    printf("str1 的内容为:%s\n",str1);
    return 0;
}
```

str1[i]= * str2;此语句出现错误，因为 str1 为指针型变量，指向字符串常量时，内容不可修改。

将以上程序修改为：

```
#include<stdio.h>
int main()
{
    char str1[20]= "I am";
    char * str2=" a student!";
    int i;
    printf("str1=%s\n", str1);
    printf("str2=%s\n",str2);
    i=0;
    for(; * str2!='\0';str2++,i++)
      str1[i]= * str2;
    str1[i]='\0';
    printf("str1 的内容为:%s\n",str1);
    return 0;
}
```

运行结果：

```
str1=I am
str2= a student!
str1 的内容为: a student!
```

【课堂案例 7-7】 定义一个函数，将字符型指针变量作为函数参数，实现两个字符串的复制。

```
#include<stdio.h>
void f_copy(char * s1,char * s2)
{
    int i;
    for(i=0;s2[i]!='\0';i++)
    s1[i]=s2[i];
    s1[i]='\0';
}
int main(){
    char str1[20]="student",str2[10]="teacher";
    char * s1=str1, * s2=str2;
    f_copy(s1,s2);
    puts(s1);
    puts(s2);
    return 0;
}
```

运行结果：

```
teacher
teacher
```

任务 7.4　指针引用结构体数组

指针变量可以引用基本数据类型的数据，同时也可以引用结构体数组数据。

【课堂案例 7-8】 学生成绩问题。有 10 名学生，每名学生的数据包括学号、姓名、3 门课的成绩。从键盘输入 10 个学生数据，要求输出每门课的总平均成绩及最高分学生的数据(用指向结构体数据的指针变量实现)。

```
#include<stdio.h>
#include<string.h>
#define N 10
struct Student
{
char num[20];
char name[12];
double score[3];
};
int main()
{
struct Student stu[N];
struct Student *p;
int i,j;
double sum,max;
printf("请输入所有学生的信息\n");
printf("学号      姓名     成绩 1     成绩 2     成绩 3     \n");
for(p=stu;p<stu+N;p++)                              //输入 10 名学生的成绩
{
    scanf("%s %s",(*p).num, (*p).name);
    for(j=0;j<3;j++)
    scanf("%lf",&(*p).score[j]);                    //输入 3 门课的成绩
}
//输出所有学生的基本信息
printf("所有学生的信息如下:\n");
printf("学号      姓名     成绩 1     成绩 2     成绩 3     \n");
for(p=stu;p<stu+N;p++)                              //输出 10 名学生的基本信息
{
    printf("%s\t%s\t",(*p).num,(*p).name);
    for(j=0;j<3;j++)
        printf("%.2f\t",(*p).score[j]);
    printf("\n");
}
printf("\n");
//计算每门课的平均成绩和最高分
printf("\t\t 平均成绩\t 最高分\n");
for(j=0;j<3;j++)
{
    printf("第%d 门课成绩\t",j+1);
    sum=0;
```

```
        max=-200;
        //计算每门课的成绩
        for(p=stu;p<stu+N;p++)
        {
            sum=sum+(*p).score[j];
            if(max<(*p).score[j])
                max=(*p).score[j];
        }
        printf("%f\t%f\n",sum/N,max);
    }
    system("pause");
    }
```

在以上程序中,有时会把(*p).num、(*p).name等相似信息写成p->num、p->name的形式,其中"->"符号表示指向关系,即p指针指向的num成员和name成员,等价于(*p).num和(*p).name。

任务7.5　指针与动态内存分配

之前学习的程序大多数都是在栈上分配的,例如变量、形参、函数调用等。栈上分配的内存是由系统分配和释放的,且在语句或函数运行结束后就会被系统自动释放。对于某些信息,需要的空间大小在程序运行的时候确定,为了能够保证数据正常存储,使用数组存储的话,会定义足够固定长度的数组,但同时也会浪费很大的内存。为此,C语言允许建立内存动态分配方式,动态内存是指在堆上分配的内存,由程序员通过编程手动进行分配和释放,随时向系统申请开辟空间,将数据临时存储到堆区,需要的时候随时释放,存储自由,便于有效地使用系统存储空间。这种申请内存的方式需要借助指针的知识,利用动态分配存储的函数共同完成。

1. malloc()系统函数开辟动态存储区

函数原型:void * malloc(unsigned int size);

含义:在动态存储区中分配一个长度为size的连续空间,该函数的返回值有以下两种情况。

- 第一种,执行成功,返回值为分配的存储区域第一字节的地址。
- 第二种,内存不足,即执行不成功,则返回一个空指针(NULL)。

该函数中定义的类型为void类型,即指向一个不确定类型的数据,只是提供一个地址值,在实际使用的过程中,根据要指向的数据类型来确定相应的类型;形参类型为unsigned类型,因为size大小不能为负数,是一个大于0的整数大小。

例如,malloc(4);表示从堆区分配4字节,函数值为首字节的地址。此时地址为void类型,实际根据具体的类型返回,例如:

```
int *p;
p=(int *)malloc(4);
```

2. calloc()系统函数开辟动态存储区

函数原型：void * calloc(unsigned int n,unsigned int size)；

含义：在动态存储区中分配 n 个长度为 size 的连续空间，一般用于分配一个动态数组。该函数返回值同 malloc 函数一样，也有两种情况。

- 第一种，执行成功，返回值为分配的存储区域第一字节的地址。
- 第二种，内存不足，即执行不成功，则返回一个空指针(NULL)。

例如：

```
int *p;
p=(int *)calloc(4,4);
                    //动态分配一个 4*4 的存储空间，把该空间的首地址值赋给指针变量 p
```

3. realloc()函数重新分配动态存储区

函数原型：void * realloc(void *p, unsigned int newsize)；

含义：系统会先判断当前的指针是否有足够 size 大的连续空间，如果有，则扩大 p 指向的地址，并且将 p 返回；如果空间不够，先按照 newsize 指定的大小分配空间，将原有数据从头到尾复制到新分配的内存区域，而后自动释放掉原来 p 所指的内存区域，p 所指的内存区域重新被放回堆区中，并返回新分配的内存区域的首地址。

4. free()函数释放动态存储区

函数原型：void free(void *p)；

含义：当 p 所指向的存储空间不再需要时，通过 free()函数释放掉这部分空间，重新放回堆区中，该部分存储空间可以被其他变量重新使用。

【注意】 以上函数的声明均在 stdlib.h 头文件中，所以如果要使用这些函数，则需要使用#include<stdlib.h>指令把 stdlib.h 头文件包含到程序文件中。

【课堂案例 7-9】 利用指针完成一个动态数组(一块连续的动态自由存储区，可以理解为动态数组，作为动态数组使用)的定义，用于存放相应的整型数据。

```
#include<stdio.h>
#include<stdlib.h>                  //需要添加该预处理语句，保证动态申请空间的函数可用
int main()
{
    int n, *p;                      //定义一个整数 n，一个指向整型数据的指针变量 p
    int i;
    printf("请输入需要的整数个数:\n");
    scanf("%d",&n);
    p=(int *)malloc(n*sizeof(int));   //动态分配包含 n 个元素的整数数组
    //p=(int *)calloc(n,sizeof(int)) ;
    if(p!=NULL)
    printf("空间申请成功!该部分内存的首地址是%d\n",p) ;
    printf("分别给动态数组元素赋初值:\n");
    for(i=0;i<n;i++)
    {
        //给申请的连续空间赋值，这里利用 p[i]引用数组元素，思考用指针法如何实现
        printf("第%d个元素为:",i+1);
        scanf("%d",&p[i]);
```

```
    }
    printf("动态分配了%d个元素的动态数组,该数组所包含的数据如下:\n",n);
    for(i=0;i<n;i++)
    printf("%d ",p[i]);          //输出对应的存储单元中的数据
    //free(p);当不需要指针变量p时,可以通过free(p)释放掉
    return 0;
}
```

从键盘输入整数n的值,用于确定要动态申请的整数数组个数。

运行结果:

```
请输入需要的整数个数:
5
空间申请成功!该部分内存的首地址是11146344
分别给动态数组元素赋初值:
第1个元素为:12
第2个元素为:23
第3个元素为:10
第4个元素为:32
第5个元素为:42
动态分配了5个元素的动态数组,该数组所包含的数据如下:
12 23 10 32 42
```

【分析】 以上的首地址值为从堆区随机分配的内存地址,每次执行的结果是随机的地址值。其中,语句p=(int *)malloc(n*sizeof(int));表示在内存中申请n个整数长度的地址空间,因为函数malloc()原型为:void * malloc(unsigned int size);,void类型是不确定的数据类型,而此处需要用到整数类型的内存单元,所以通过(int *)将地址转换为指向整型数据的指针类型,用于存储相应的地址。如果需要存储其他类型的数据,则使用同样的方法将void类型转换为对应的数据类型。这里的p=(int *)malloc(n*sizeof(int));可以使用p=(int *)calloc(n,sizeof(int));语句代替。

sizeof()函数在这里用于测量对应的数据类型长度,返回值为存储相应类型的字节数,因为不同的编译系统可能会有同种基本类型存储字节数不同的情况,或者遇到复杂数据不确定数据字节数的情况,如结构体数据类型,所以这里采用sizeof()函数进行测量。

【课堂案例7-10】 动态申请一块连续的空间,用于存放一组学生数据,其中学生数据包括姓名、性别、年龄(提示:动态分配内存,存储单元中的信息为学生信息,考虑存储结构体类型数据)。

```
#include<stdio.h>
#include<stdlib.h>
typedef struct student
{
    char name[8];                                    //姓名
    char sex[1];                                     //性别
    int age ;                                        //年龄
} Student;
```

```
int main()
{
    int i,n;
    Student * p, * q;
    printf("请确定要输入的学生个数:\n");
    scanf("%d",&n);
    p=(Student *)malloc(n * sizeof(Student));    //动态分配包含 n 个学生的连续空间
    q=p;
    if(p!=NULL)
    {printf("空间申请成功!请输入学生信息:\n") ;
    for(i=0;i<n;i++)
    {
        printf("第一个学生的信息为:");
        //给申请的连续空间赋值,这里利用 p[i]引用数组元素
        printf("第%d 个元素为:",i+1);
        scanf("%s%s%d",p[i].name,p[i].sex,&p[i].age);
    }}
    printf("动态分配了%d 个元素的动态数组,该数组所包含的数据如下:\n",n);
    for(p=q;p<q+n;p++)
    printf("%s %s %d\n",( * p).name,( * p).sex,( * p).age);
                                                    //输出对应的存储单元中的数据
    return 0;
}
```

运行结果:

```
请确定要输入的学生个数:
3
空间申请成功!请输入学生信息:
第一个学生的信息为:第 1 个元素为:张三 男  20
第一个学生的信息为:第 2 个元素为:李四 女  22
第一个学生的信息为:第 3 个元素为:郝林 男  23
动态分配了 3 个元素的动态数组,该数组所包含的数据如下:
张三 男 20
李四 女 22
郝林 男 23
```

任务 7.6 指针在链表中的应用

链表和数组是算法中的两个基本数据结构,都属于线性结构。数组是内存中的一块连续空间,查找、遍历数据比较方便,但是当对数据进行更新操作时,如添加、删除等操作,就会产生大量的移动操作,如当删除一个数组元素时,假设这个元素是首个元素,其删除的规则是将后面的数据依次往前移动,逐个覆盖前一个元素,如果有 n 个元素,则需要移动 n－1 次,使得内存操作频繁,效率较低。链表则是采用不连续的内存空间存储,充分利用内存中的碎片空间,链表中的元素除存储数据本身外,还需要存储下一个元素的地址,保证链表中的每个元素能够连接成一组数据。链表结构在数据更新时操作方便,效率较高,只需要修改

对应的链接地址即可,但查找数据则需要遍历每个元素,找到对应的位置,效率较低。所以,一般情况下,对于数据更新操作比较频繁选择链表结构,而对于查找频繁的操作,则选择使用数组结构。之前已经学习了有关数组的相关操作,本次任务重点学习链表的简单操作,用于了解指针在链表中的用法。

1. 链表基础知识

链表中的元素一般包含两类数据:一类是数据域,用于存放数据元素的内容(data);另一类是地址域(next),用于存放下一个元素的地址值。但头结点除外,头结点不存放数据内容,仅包含地址域,用于存放下一个数据元素的地址,一般以 head 表示。如果是最后一个元素,则地址域为 NULL。故除头结点仅包含地址域外,其他的结点都包含以上两个域。链表中的各元素通过地址域依次找到下一个元素,如 head 指向第一个元素,第一个元素又指向第二个元素,如同"链子"一般将各个数据串联起来,到最后一个元素遇到 NULL 结束,如图 7-2 所示。

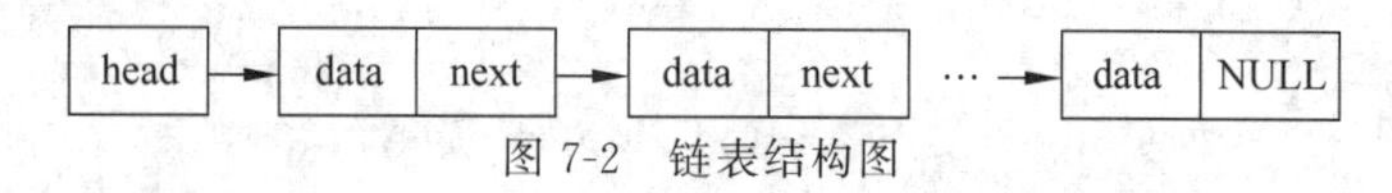

图 7-2　链表结构图

2. 指针在链表中的应用

因为链表结构中的元素需要用到地址域,而在 C 语言中地址值只能由指针变量来存储,故链表结构需要借助指针来实现。通过指针可以实现链表各元素的新建、修改、删除、插入、查找、排序等操作。因为链表所包含的元素包含两类数据,即数据和地址,所以还需要借助结构体这一类型完成。以课堂案例 7-11 为例,分析指针和结构体在链表中的应用。

【课堂案例 7-11】 创建一个链表,该链表中包含 5 个学生的数据结点,其中学生数据包含学号和成绩,利用链表结构将这 5 个学生数据连接起来,并输出各个学生结点的内容。

【分析】 该链表中的各元素为学生结点信息,学生信息包括数据信息和地址信息(下一个学生的),需要通过结构体类型完成。

```
#include<stdio.h>
#include<stdlib.h>
//定义学生结点信息
typedef struct student{
    char sno[10];
    float score;
    struct student *next;
} Stu;
//定义一个函数,用于创建一个包含 n 个元素的动态链表
Stu * f_crea(int n)
{
    int i=1;
    Stu *head=NULL;                //定义一个头结点
    Stu *pList, *p;                //定义指针变量 p 用于保存动态分配的存储空间地址
    p=(Stu *)malloc(sizeof(Stu));
    printf("请输入第%d 个学生的信息(学号  成绩):\n",i);
    scanf("%s",p->sno);
    scanf("%f",&(p->score));
```

```
    head=pList=p;                    //设置头结点 head,指向第一个元素 p

    while(n>1)
    {
    p=(Stu *)malloc(sizeof(Stu));
    i++;
    printf("请输入第%d个学生的信息:\n",i);
    scanf("%s",p->sno);
    scanf("%f",&(p->score));
    pList->next=p;
    pList=pList->next;
    n--;
    }
    pList->next=NULL;
    return head;
    }
//定义一个函数,用于输出一个链表信息
void f_print(Stu * head)
{
    Stu * p;
    p=head;
    if(head!=NULL)
    {//输出各信息
    do
    {
    printf("学号:%s",p->sno);
    printf("成绩:%f\n",p->score);
    p=p->next;
    }while(p!=NULL);
    }
}
int main()
{
    Stu * s1;
    int n;                           //定义 n,用于确定学生数量
    printf("请输入学生数量:\n");
    scanf("%d",&n);
    s1=f_crea(n);
    printf("学生链表创建完成!信息如下:\n");
    f_print(s1);
}
```

当输入数量为 5 时,运行结果如下:

```
请输入学生数量:
5
请输入第 1 个学生的信息(学号  成绩):
01 65.5
请输入第 2 个学生的信息:
```

```
02 96
请输入第 3 个学生的信息:
03 86
请输入第 4 个学生的信息:
04 75
请输入第 5 个学生的信息:
05 79
学生链表创建完成!信息如下:
学号:01 成绩:65.500000
学号:02 成绩:96.000000
学号:03 成绩:86.000000
学号:04 成绩:75.000000
学号:05 成绩:79.000000
```

任务实现

“学生选课系统”中的课程信息、学生信息以及教师信息等内容均采用动态存储的方式进行存储。以“课程”信息和“教师”信息的存储为例,通过指针相关知识完成课程信息存储。

代码如下:

```
#include<stdio.h>
#include<string.h>
#include<stdlib.h>
#define FORMAT_BH_NAME "%12s\t %12s\t"                        //"教工号","教工姓名"
#define TITLE_TEA FORMAT_BH_NAME,"教工号","教工姓名"
#define FORMAT_COU_NO_GRADE "%10s\t %-50s\t %-12s\t %-12s\n"
                               //"课程编号","课程名称","任课教师工号","任课教师姓名"
#define TITLE_COU_NO_GRADE  FORMAT_COU_NO_GRADE,"课程编号","课程名称","任课教师
工号","任课教师姓名"
//将后面的这几个字符串按照 FORMAT_COU_NO_GRADE 的格式,便于输出
//可以直接使用 printf(TITLE_COU_NO_GRADE);
#define LEN_COU sizeof(struct Course)
#define LEN_TEA sizeof(struct Teacher)
#define LEN_GH 12                                             //工号的长度
#define LEN_XM 12                                             //教工姓名的长度
//课程信息结构体
//定义课程表
void add_tea();                                               //声明增加教师函数
int disinfo_tea();                                            //声明教师查询函数
struct Course
{
    char courseno[10];                                        //课程编号
    char coursename[50];                                      //课程名称
    struct Teacher * struct_tea;                              //任课教师信息
    struct Course * next;
};
struct Course * head_cou;                                     //课程信息头指针
```

```
int num_cou=0;                                          //现有课程数目
//定义教师
struct Teacher{
    char teacherno[10];                                 //教工号
    char teachername[10];                               //教师姓名
    struct Teacher * next;
};
struct Teacher * head_tea;                              //教师信息头指针
int num_tea=0;                                          //现有教师人数
void add_tea()                                          //增加教师信息
{
    char bh[LEN_GH]="",xm[LEN_XM]="",ch_input;
    struct Teacher *p_new, *p;
    while(strlen(bh)==0||strlen(xm)==0)
    {
        disinfo_tea();                                  //显示教师信息
        puts("\n友情提示:请输入有效的工号和姓名--->");
        printf("请输入待增加教师工号(放弃增加请输入 exit):");
        scanf("%s",bh);
        if(strcmp(strlwr(bh),"exit")==0)
                //strcmp()为字符串赋值函数,strlwr()将字符串中的字母转换为小写字母
            break;
        printf("请输入待增加教师姓名(放弃增加请输入 exit):");
        scanf("%s",xm);
        if(strcmp(strlwr(xm),"exit")==0)
            break;
        printf("\n您输入的待增加教师工号为:%s,姓名为:%s,请按以下要求输入信息--->
\n",bh,xm);
        puts("【1】:保存该信息");
        puts("【2】:删除该信息,并重新输入");
        puts("其他:放弃增加新信息");
        ch_input=getchar();
        switch(ch_input)
        {
        case '1':
            p_new=(struct Teacher*) malloc(LEN_TEA);
            strcpy(p_new->teacherno,bh);
            strcpy(p_new->teachername,xm);
            p_new->next=NULL;
            if(num_tea==0)
            head_tea=p_new;
            else
            {
        for(p=head_tea;p->next!=NULL;p=p->next);
                        //找到当前学生链表最后一个学生信息,以便于追加记录
        p->next=p_new;
            }
            num_tea++;                                  //教师数增加一个
            fflush(stdin);
```

```
                printf("\n添加教师信息成功!是否继续追加教师信息?y/n:");
                ch_input=getchar();
                if(ch_input=='y')
                add_tea();
                else
                {
                puts("增加教师信息完毕!");
                disinfo_tea();
                }
                break;
            case '2':
                continue;
            default:
                return;
            }
        }
    }
    int disinfo_tea()                          //教师信息查询
    {
        struct Teacher *p;
        if(!head_tea)
        {
            puts("当前没有任何教师信息");
            return 0;
        }
        puts("\n现有教师信息列表如下:");
        printf(TITLE_TEA);
        printf("\n");
        for(p=head_tea;p!=NULL;p=p->next)
        {
            printf(FORMAT_BH_NAME,p->teacherno,p->teachername);
            puts("");
        }
        return 1;
    }
    int disinfo_cou()                          //课程信息查询
    {
        struct Course *p;
        if(!head_cou)
        {
            puts("当前没有任何课程信息");
                return 0;
        }
        puts("\n现有课程信息列表如下:");
        printf(TITLE_COU_NO_GRADE);
        for(p=head_cou;p!=NULL;p=p->next)
        printf(FORMAT_COU_NO_GRADE,p->courseno,p->coursename,p->struct_tea->
teacherno,p->struct_tea->teachername);
        return 1;
```

```
}
void add_cou()                                    //增加课程信息
{
    char kcbh[10]="",kcm[50]="",jsxm[10],jsgh[10],ch_input;
                                                  //课程编号、课程名称、教师姓名、教师工号
    struct Course *p_new, *p;
    struct Teacher *p_tea;
    while(strlen(kcbh)==0||strlen(kcm)==0||strlen(jsgh)==0)
    {
        //增加课程信息前先把现有教师信息显示出来
        puts("\n已有任课教师信息列表如下:");
        disinfo_tea();
        puts("\n已有课程信息列表如下:");
        disinfo_cou();
        puts("\n友情提示:请输入有效的待增加课程编号、课程名称及已有任课教师工号--->");
        printf("请输入已有任课教师工号(放弃增加请输入 exit):");
        scanf("%s",jsgh);
        printf("请输入待增加的课程编号(放弃增加请输入 exit):");
        scanf("%s",kcbh);
        if(strcmp(strlwr(kcbh),"exit")==0)
            break;
        printf("请输入待增加的课程名称(放弃增加请输入 exit):");
        scanf("%s",kcm);
        if(strcmp(strlwr(kcm),"exit")==0)
            break;
        printf("\n您输入的待增加课程编号为:%s,课程名称为:%s,该课程任课教师为:%s,
请按以下要求输入信息--->\n",kcbh,kcm,jsxm);
        fflush(stdin);
        puts("【1】:保存该信息");
        puts("【2】:删除该信息,并重新输入");
        puts("其他:放弃增加新信息");
        printf("请选择您的选项:");
        ch_input=getchar();
        switch(ch_input)
        {
        case '1':
            p_new=(struct Course*) malloc(LEN_COU);
            p_tea=(struct Teacher*)malloc(LEN_TEA);
            strcpy(p_new->courseno,kcbh);
            strcpy(p_new->coursename,kcm);
            strcpy(p_tea->teacherno,jsgh);
            strcpy(p_tea->teachername,jsxm);
            p_new->struct_tea=p_tea;
            p_new->next=NULL;
            if(num_cou==0)
            head_cou=p_new;
            else
            {
```

```
        for(p=head_cou;p->next!=NULL;p=p->next);
                                //找到当前学生链表最后一个学生信息,以便于追加记录
            p->next=p_new;
            }
            num_cou++;          //课程数增加一个
            fflush(stdin);      //清空输入缓冲区
            printf("\n添加课程信息成功!是否继续追加课程信息?y/n:");
            ch_input=getchar();
            if(ch_input=='y')
            add_cou();
            else
            {
            puts("增加课程信息完毕!");
            disinfo_cou();
            }
            break;
              case '2':
            continue;
              default:
            return;
        }
    }
}
int main()
{
    add_tea();                  //增加两条教师信息
    add_cou();                  //增加课程信息
}
```

运行结果:

```
当前没有任何教师信息
友情提示:请输入有效的工号和姓名--->
请输入待增加教师工号(放弃增加请输入 exit):01
请输入待增加教师姓名(放弃增加请输入 exit):王老师
您输入的待增加教师工号为:01,姓名为:王老师,请按以下要求输入信息--->
【1】:保存该信息
【2】:删除该信息,并重新输入
其他:放弃增加新信息
1
添加教师信息成功!是否继续追加教师信息?y/n:y
现有教师信息列表如下:
      教工号           教工姓名
        01               王老师
友情提示:请输入有效的工号和姓名--->
请输入待增加教师工号(放弃增加请输入 exit):02
请输入待增加教师姓名(放弃增加请输入 exit):李老师
您输入的待增加教师工号为:02,姓名为:李老师,请按以下要求输入信息--->
【1】:保存该信息
```

```
【2】:删除该信息,并重新输入
其他:放弃增加新信息
1
添加教师信息成功!是否继续追加教师信息?y/n:n
增加教师信息完毕!
现有教师信息列表如下:
        教工号          教工姓名
            01              王老师
            02              李老师
已有任课教师信息列表如下:
现有教师信息列表如下:
        教工号          教工姓名
            01              王老师
            02              李老师
已有课程信息列表如下:
当前没有任何课程信息
友情提示:请输入有效的待增加课程编号、课程名称及已有任课教师工号--->
请输入已有任课教师工号(放弃增加请输入 exit):01
请输入待增加的课程编号(放弃增加请输入 exit):060201
请输入待增加的课程名称(放弃增加请输入 exit):数据结构
您输入的待增加课程编号为:060201,课程名称为:数据结构,该课程任课教师为:王老师,请按以
下要求输入信息--->
【1】:保存该信息
【2】:删除该信息,并重新输入
其他:放弃增加新信息
请选择您的选项:1
添加课程信息成功!是否继续追加课程信息?y/n:n
增加课程信息完毕!
现有课程信息列表如下:
  课程编号       课程名称                                  任课教师工号      任课教师姓名
    060201       数据结构                                      01                王老师
```

【分析】 本程序中要录入的课程信息中包含课程编号、课程名称、任课教师工号和任课教师姓名,其中教师基本信息是从已有的教师信息中获取到的,需要先将教师信息展示出来。如果目前没有教师信息,则先录入两个教师信息,再录入课程信息。

本程序过程较复杂,了解即可。

项目 8 “学生选课系统”的变量与文件操作

学习目标

1. 掌握变量的存放方式与作用范围。
2. 掌握局部变量与全局变量的应用。
3. 掌握文件的读写操作。
4. 掌握文件在实际项目中的应用。

项目内容分析——选课系统的变量与文件应用

要实现一个项目的整体功能，过程较复杂，所有的代码不可能在同一个程序文件中完成，需要对项目中涉及的变量以及各自的功能进行分析、分类，并将各个不同的功能写入不同的程序文件中，这就涉及变量与文件的应用问题。同时，对于部分数据内容，需要及时以文件形式存储到本地，方便下次进入系统时的数据应用，如课程信息和教师信息等内容，在通过系统完成内存分配并录入相关内容后，需要及时将信息存储到本地，这样即使当程序结束后，也不会因为内存空间释放而导致数据丢失。存储到本地后，当再次进入系统时，可以读取本地的文件内容，保持与程序前的数据相同。本项目将从“学生选课系统”的整体功能进行分析，学习不同变量的定义、引用，不同函数的定义、引用，以及各程序文件之间的使用，学习文件在项目中的读写操作。

任务说明

本项目要完成管理员相关的操作，涉及学生信息管理、课程信息管理以及教师信息管理等操作，这些操作复杂烦琐，不可能全部将代码写到一个程序文件中。那么如何让多个信息在不同的文件中都能使用呢？这就涉及全局变量、外部函数、头文件等相关知识点在项目中的应用，包括实现在不同程序文件中调用相关信息，完成项目中对应文件的读取和写入操作，保证数据信息及时得到保存。

任务 8.1 全局变量与局部变量

数据的存储在内存中是不同的，根据数据的类型不同，存储方式会有不同，有些变量是在程序运行期间由系统分配的固定存储空间，一直存在；而有些变量则是程序运行期间根据需要动态分配的空间。由系统分配固定空间的方式称为静态存储，而根据需要动态分配的方式称为动态存储。不同的变量类型存储方式也会有所不同。

1. 全局变量

全局变量定义在函数外部,其生存期固定不变,在程序开始后就分配固定的存储区,执行结束后释放空间,所以全局变量是放在静态存储区的。什么情况下可以用到全局变量呢?常见的应用情形有以下两种。

第一种,用于本程序文件中。当变量需要在当前文件的所有函数中应用时,此时将变量定义为全局变量,作用范围是从变量的定义处开始,到文件的末尾结束,定义点之前不可引用。如果想要在定义之前起作用,使用 extern 关键字对变量进行外部变量声明,即可将变量的应用范围扩展到此处。

【课堂案例 8-1】 全局变量在当前程序中的应用,使用 extern 扩展作用范围。

```
#include<stdio.h>
int main()
{
    extern int m,n;                    //为了让 m 和 n 在此处起作用,利用 extern 进行声
                                       //明,将 m 和 n 的作用范围扩大到此处
    m=5,n=6;
    printf("%d",max());
    system("pause");
}
int n=3,m=4;                           //在此处定义,在本程序文件中,从此处开始起作用
int max()
{
    return m>n?m:n;
}
```

运行结果:

```
6
```

通过运行结果可知,m 和 n 虽然定义在 main()函数后面,但是通过 extern 关键字将变量的作用范围扩大到 main()函数中,自此处开始起作用。

以上通过 extern 关键字将全局变量 m 和 n 的作用范围扩大,extern int m,n;语句可以写成:extern m,n;省略数据类型。如果没有特殊要求,一般建议在定义全局变量时定义在程序文件的头部,以免再重新进行声明。即上例可以直接将 m 和 n 定义在 main()函数的上方,在"学生选课系统"中,在"教师操作""学生操作""文件操作"等文件中都使用了全局变量。例如:

```
#include "学生操作.h"
//定义一个结构体指针
struct Student *head_stu=NULL;         //学生信息头指针
int num_stu=0;                         //定义 num_stu 表示目前学生信息表中的人数
extern int num_cou_sel_max;            //所有学生中选课最多的数目
…
```

第二种,既可用于本程序文件,又能在其他的外部文件起作用,此时将变量定义在本程序文件中后,在外部文件中可以使用 extern 关键字进行声明,表示在外部的文件中也可以使用这个变量。

在"学生选课系统"中,使用 extern 关键字对多个全局变量进行声明,例如:

```
extern FILE * fp_stu, * fp_tea, * fp_cou;
//学生信息
extern struct Student * head_stu;       //extern 声明学生信息头指针变量,使得该变量可
                                        //以在当前的文件中应用
extern int num_stu;
//教师信息
extern struct Teacher * head_tea;       //教师信息头指针
extern int num_tea;
//学生选课信息
extern struct Course * head_cou;        //课程信息头指针
extern int num_cou;
```

2. 局部变量

在函数内部定义使用的变量为局部变量。局部变量的作用范围是特定的函数内部,在调用函数时,系统会自动为变量分配存储空间,调用结束后就自动释放这些存储空间,存储在动态存储区,又叫自动变量。一般我们在函数中定义的变量均为自动变量,自动变量前加 auto 关键字修饰,auto 可以省略。例如,我们经常会在 main()函数中定义 int a;,其实隐含的就是自动变量 a,即等价于 auto int a;。

但当在函数中定义的局部变量前加入 static 修饰时,则会产生不一样的结果,静态的局部变量存储在静态存储区。因为 static 修饰的变量在函数结束后不会被释放掉,在函数调用结束后保留变量的值,等下次继续调用时,会保留当前的值继续执行。其是在程序编译时赋初值,程序运行后不再进行初始化赋值,等下次继续调用的时候不会再进行分配空间赋初值操作,直接将上一次函数结束后的运行结果作为下次调用它的初值。

【课堂案例 8-2】 static 修饰局部变量。

```
#include<stdio.h>
#include<string.h>
int f()
{
    static int x=6;                 //执行一次赋初值,当第二次以后调用函数时,不再执行
    x=x+2;
    return x;
}
int main()
{
    printf("第一次调用 f,结果为%d\n",f());
    printf("第二次调用 f,结果为%d\n",f());
    return 0;
}
```

运行结果:

```
第一次调用 f,结果为 8
第二次调用 f,结果为 10
```

由此可知，当第二次调用 f()函数时，x 的值按照上次执行的结果 8 继续执行，返回的结果为 10。

另外，如果使用 static 关键字修饰全局变量，表示该全局变量只能在当前的程序文件中使用，外部文件不可调用。

总体来说，局部变量如果不加 static 修饰，则会存储在动态存储区；加了 static 修饰，就会存储在静态存储区。而全局变量则全部存放在静态存储区，如果全局变量要被其他的文件引用，需要添加 extern 关键字进行声明；若全局变量前加了 static 修饰，则表示该变量不可以被其他的文件使用，只能被当前所在的程序文件引用。

3. 内部函数与外部函数

变量可分为局部变量和全局变量，同样函数也可以分为内部函数和外部函数。在学习函数的过程中，如果函数定义在主调函数的后面，则需要在主调函数中声明该函数；如果定义了一个函数，该函数在当前程序文件中被多个函数调用，则需要将该函数声明在本程序文件的最上方，以便文件中的其他函数来调用。但如果别的程序文件也要调用，怎么解决呢？这就涉及内部函数和外部函数的概念。

1）内部函数

在一个程序文件中定义的函数只能被文件自身所调用，此类函数称为内部函数。要想让一个定义的函数只能被自身所调用，需要在函数的声明语句前加 static 关键字，实现方法：

```
static 函数类型 函数名(形参列表);
```

2）外部函数

如果要在外部文件中也能使用其他程序文件中定义的函数，需要在函数的声明语句前加 extern 关键字，表示此函数为外部函数，可以被外部文件所调用。实现方法：

```
extern 函数类型   函数名(形参列表);
```

一般情况下，extern 关键字都省略，即不加 extern 关键字，直接通过函数原型声明即可通知编译系统，该函数已经在当前的程序文件中定义或在其他的文件中定义，编译系统会自动在当前的工程文件中查找函数的定义，在此只需要调用即可。例如，＃include＜string.h＞、＃include＜math.h＞等头文件中，只是对字符串处理函数和数学函数做了声明，只要把这两个预处理语句加入本程序文件中，即可实现以上函数的调用。

在“学生选课系统”中，使用了多个外部函数，只需要在对应的位置进行函数原型的声明即可完成调用，都省略了 extern 关键字。例如：

```
void start();
void ordermenu();                    //指令清单
void Managerdo();                    //管理员操作
int disinfo_stu();                   //显示学生信息
```

```
void add_stu();                               //增加学生信息
void update_stu();                            //修改学生信息
void delete_stu();                            //删除学生信息
int disinfo_tea();                            //显示教师信息
void add_tea();                               //增加教师信息
void update_tea();                            //修改教师信息
void delete_tea();                            //删除教师信息
int disinfo_cou();                            //显示课程信息
void add_cou();                               //增加课程信息
void update_cou();                            //修改课程信息
void delete_cou();                            //删除课程信息
```

将部分外部函数在自定义的 common.h 头文件中进行声明，声明方式直接采用函数原型，省略 extern 关键字。

4. 头文件的应用

在C语言中，每个C程序通常由头文件和其他程序代码组成。系统提供了多个头文件，如 stdio.h、string.h、math.h、stdlib.h 等。头文件的应用可以减少代码的重复书写，提高编写和修改程序的效率，在头文件中可提供符号常量、全局函数的声明或提供公用数据类型的定义。系统通过＃include 语句引用头文件时，相当于将头文件中所包含的内容复制到 include 处。只要需要用到头文件中的函数、常量等信息，即可通过＃include 载入，无须将对应的语句写进来。

系统中定义了多个头文件，用户也可以根据需要自定义头文件，使用文本编辑器编写代码，以扩展名.h 保存，并存储到对应的项目目录下，如在 Visual C++ 2010 中的“头文件”目录下，在 Dev C++ 中，打开该程序所在的文件目录，进入\MinGW32\include，存入头文件即可。对于一个复杂的项目工程，一般将供外部文件使用的函数、常量等信息声明在头文件中，这样就可以在使用这些函数和常量的文件中直接载入头文件，无须再将所有的函数利用函数原型重新声明一遍，可以减少代码的重复书写。

【课堂案例 8-3】 头文件在程序中的应用(在 Visual C++ 2010 中的应用)。

新建项目，在头文件目录下创建头文件 ss.h，ss.h 中包含如下代码：

```
#include<math.h>
double  area(double  a,double b,double  c)
{
  int p,s;
  p=(a+b+c)/2;
  s=sqrt(p*(p-a)*(p-b)*(p-c));
  return s;
}
```

在 ss.h 中定义了一个函数 area()，完成函数功能。定义一个源文件 test.c，将头文件 ss.h 载入 test.c 文件中，代码如下：

```
#include<stdio.h>
#include "ss.h"          //载入刚刚定义的 ss.h 文件，注意这里使用双引号，不能使用<>
int main()
```

```
{
    double x=3,y=4,z=5;
    printf("area=%.2f\n",area(x,y,z));
    system("pause");    //调用 DOS 系统的暂停命令 pause 来暂停程序,否则一闪而过,看不
                        //见展示的内容
}
```

运行结果:

```
area=6.00
```

头文件在此处的作用是完成函数的定义,相当于将头文件中的所有代码都加入 test.c 文件的＃include＜ss.h＞处。

在项目 7 的"任务实现"中,在课程信息操作功能中,有很多外部定义的函数和符号常量声明语句,这些语句同样需要加入其他的操作中,如教师管理操作等,如果将函数和符号常量逐个声明一遍,会造成大量的重复代码冗余。为此,"学生选课系统"中自定义了 common.h、学生操作.h、教师操作.h 等头文件,需要将大部分需要外部文件引用的函数和符号常量在头文件中声明,减少代码重复,实现代码复用。下面以 common.h 文件为例,代码如下:

```
#ifndef _COMMON_H_
#define _COMMON_H_
#include<stdio.h>
#include<stdlib.h>
#include<string.h>
#include "密码加密.h"
#include "结构体定义.h"
#define LEN_NAME_COURSE 50  //课程名称长度
#define LEN_XH 12
#define LEN_GH 12
#define FORMAT_BH_NAME "%12s\t %12s\t"
#define FORMAT_BH_NAME_NUM "%12s\t %12s\t%-10s\t"
                                    //"学号","姓名","选课数目",不带回车,在程序中手动加回车
#define FORMAT_COU_GRADE_DATA "%10s\t %-50s\t %10.1f\t %-12s\t %-12s\n"
//"课程编号","课程名称","课程成绩","任课教师工号","任课教师姓名"
#define FORMAT_COU_GRADE_TITLE "%10s\t %-50s\t %10s\t %-12s\t %-12s\n"
//"课程编号","课程名称","课程成绩","任课教师工号","任课教师姓名"
#define FORMAT_COU_NO_GRADE "%10s\t %-50s\t %-12s\t %-12s\n"
                                    //"课程编号","课程名称","任课教师工号","任课教师姓名"
#define TITLE_STU FORMAT_BH_NAME,"学号","姓名"
#define TITLE_STU_NUM FORMAT_BH_NAME_NUM,"学号","姓名","选课数目"
#define TITLE_TEA FORMAT_BH_NAME,"教工号","教工姓名"
#define TITLE_COU_GRADE FORMAT_COU_GRADE_TITLE,"课程编号","课程名称","课程成
绩","任课教师工号","任课教师姓名"
#define TITLE_COU_NO_GRADE FORMAT_COU_NO_GRADE,"课程编号","课程名称","任课教师工
号","任课教师姓名"
#define LEN_STU sizeof(struct Student)
```

```
#define LEN_TEA sizeof(struct Teacher)
#define LEN_COU sizeof(struct Course)
void start();
void ordermenu();               //指令清单
void Managerdo();               //管理员操作
int disinfo_stu();              //显示学生信息
void add_stu();                 //增加学生信息
void update_stu();              //修改学生信息
void delete_stu();              //删除学生信息
int disinfo_tea();              //显示教师信息
void add_tea();                 //增加教师信息
void update_tea();              //修改教师信息
void delete_tea();              //删除教师信息
int disinfo_cou();              //显示课程信息
void add_cou();                 //增加课程信息
void update_cou();              //修改课程信息
void delete_cou();              //删除课程信息
#endif
```

在以上代码中，系统通过 common.h 头文件将函数原型和符号常量定义在头文件中，只需要将头文件载入对应的文件中即可。

如果头文件出现被多次载入的情况，可以利用以下代码来避免。

```
#ifndef  标号              //先判断是否存在对应标号的内容，如果存在，则不载入
#define  标号              //给以下内容定义一个标号，ifndef 指令用于识别判定的标号内容
//代码部分，例如函数声明、符号常量定义等
#endif                     //结束
```

其中，标号的命名规则跟变量的命名规则一样，一般根据它所在的头文件名来命名。例如，如果头文件的文件名为 common.h，标号就可以定义成_COMMON_H_，以上代码可加入：

```
#ifndef  _COMMON_H_
#define  _COMMON_H_

#endif
```

任务 8.2　文件的输入与输出

在“学生选课系统”中，有多个文件内容，需要在输入数据、修改数据的同时，保存写入对应的数据文件中，当下次进入系统时，重新读出数据文件的数据，以保证文件内容的更新。本次任务完成项目中对应文件的读取和写入操作，以保证数据信息及时得到保存，以“课程信息”的读入和写入为例进行学习。

1. 文件的基础知识

C 语言中的文件分为程序文件与数据文件两种类型，程序文件包括.c 源文件、.obj 目标文件和.exe 执行文件。数据文件一般指的是可以供程序进行读写的文件，如.doc 文件、.txt

文件以及.ppt 文件等不同类型的文件。而我们所说的“课程信息”“学生信息”等信息属于数据文件，之前完成的所有涉及程序中输入、输出的信息都属于数据文件信息。为了将某些数据存储到磁盘中，方便以后读取和应用，需要通过文件的操作完成数据信息的读取和写入。

文件在系统中被定义为结构体类型的变量，该类型的名字为 FILE，系统内存中会开辟一定的文件信息区用于保存文件的相关信息。因为声明 FILE 结构体类型的信息包含在头文件 stdio.h 中，所以只要载入 stdio.h 文件，即可在程序代码中直接使用 FILE 类型的变量。一般情况下，通过一个指向文件类型的指针变量来引用文件，通过文件指针变量中的地址数据找到对应的文件信息，此时文件指针变量中存储的是文件信息在内存中的开始位置。

2. 文件的基本操作

1）打开文件

打开文件，实际上就是获取文件相应的存储区信息，用来对数据信息进行处理，使用 fopen()函数实现打开文件的操作。

函数原型：FILE * fopen(char * filename,char * mode)；

该函数的返回值类型为 FILE *类型，表示返回一个文件信息的存储区，并利用 FILE 类型的指针变量将存储区的起始位置记录下来，返回给主调函数。如果不存在或出错，则返回值为 0(在 stdio.h 头文件中，定义 NULL 为 0)。

其中，* filename 表示一个文件名(包含文件路径的名字)。

例如：

```
FILE *f;
f=fopen("e:/a1.txt","r+");
                    //打开 E 盘下的 a1.txt 文件,要保证存在该文件,否则 f 的值为 NULL
```

【注意】 *数据文件的名字应符合标识符命名规则，如文件名为 1.txt，则会出现错误。*
文件路径中的“/a1.txt”中的“/”，如果为“\”，则应写成“e:\\a1.txt”，否则路径有误。

* mode 为文件的读写方式，mode 中存放了文件的使用方式，包含以下几种方式(主要针对文本文件，二进制文件这里不做介绍)。

- r：只读方式，只能打开一个已经存在的文本文件，如果不存在，则出错，返回 0。
- w：只写方式，只能向一个文本文件写入数据，如果不存在该文件，则会新建一个 filename 对应的文件，并向该文件中写入数据；而如果存在该文件，则会将该文件删除，同时再新建一个文件。
- a：追加方式，用于向文本文件末尾追加数据，如果该文件不存在，则出错，返回 0。
- r+：读写方式，用于向已有文本文件写入数据和读取数据，即实现文件数据的输入和输出。如果该文件不存在，则出错。
- w+：读写方式，用于向文本文件中写入和读取数据，允许读取数据，如果该文件存在，则删除并新建一个文件，文件中原来的内容会被删除清零。
- a+：用于向一个文本文件中追加数据，并读取数据，不会删除原有数据，如果文件不存在，则出错。这种方式文件读写位置标记自动移到文件末尾，可以在末尾进行读写操作。

2）关闭文件

文件操作完成后，不需要的时候就可以关闭了，关闭文件使用 fclose()函数完成。fclose()函数关闭文件执行两个操作，实现将文件缓冲区的数据输出到磁盘文件，以及释放掉对应的文件存储区两个功能。

函数原型：int fclose(FILE * fp)；

该函数的功能是取消文件类型指针变量 fp 所指向的文件存储区，释放该文件缓冲区。若关闭出错，则返回一个非零的值，若关闭成功，则返回 0。关闭完成后，fp 指针不再指向该文件，如果想再使 fp 指向该文件的存储区位置，则可以通过 fopen()函数重新确定 fp 与文件的指向关系。

3）文件的读写操作

在文件打开之后，主要对文件进行两类操作，分别是读取和写入。C 语言中提供了以字符形式读写的 fputc()函数和 fgetc()函数(逐个读取和写入)，以及以字符串形式进行读写的 fputs()函数和 fgets()函数，还提供了以格式化方式读写文本文件的 fscanf()函数和 fprintf()函数。

fputc()函数原型：int fputc(char ch,FILE * fp)；

该函数的功能是利用文件指针将字符 ch 输出到文件类型指针变量 fp 所指向的文件中，若输出成功，则返回该字符，否则返回 0。

【课堂案例 8-4】 从键盘读入一些字符，将其写到 E:\a1.txt 文件中。

```
#include<stdio.h>
int main()
{
    /*
    查找是否存在 a1.txt 文件
    如果 f 不为空，则说明存在该文件，从键盘输入字符并写入 a1.txt 文件中
    关闭文件，输出完毕
    */
    char c;
    FILE * f;
    f=fopen("e:/a1.txt","r");
    if(f==NULL)
    printf("文件不存在!\n");
    c=getchar();
    while(c!='\n')
    {
        fputc(c,f);                          //将输入的字符写入 f 所指向的文件中
        c=getchar();
    }
    fclose(f);
}
```

fgetc 函数原型：int fgetc(FILE * fp)；

该函数的功能是从 fp 文件指针指向的文件以字符形式取出内容，并返回字符内容，若读取错误，则返回 EOF(文件结尾标志，在 stdio.h 头文件中，定义为－1)。

【课堂案例 8-5】 将 E:\a1.txt 文件中的信息读取出来,并输出到屏幕上。

```
#include<stdio.h>
int main()
{
    /*
    查找是否存在 a1.txt 文件
    如果 f 不为空,则说明存在该文件,将 a1.txt 文件中的数据输出到屏幕上
    关闭文件,输出完毕
    */
    char c;
    FILE * f;
    f=fopen("e:/a1.txt","r");
    if(f==NULL)
    printf("文件不存在!\n");
    c=fgetc(f);                      //fgetc()函数读取 f 所对应文件的字符信息
    while(c!=EOF)                    //只要 c 的内容不为结束符
    {
        putchar(c);                  //输出读取的字符
        c=fgetc(f);                  //继续读取 f 对应文件的内容,直到读取到结束标记为止
    }
    fclose(f);
}
```

思考：如果要将 A 文件中的内容复制到 B 文件中,如何实现?

fputs()函数原型：int fputs(char * str,FILE * fp);

该函数的功能是将字符型指针变量 str 所指向的字符串输出到 fp 指针所指向的文件存储区,若输出成功,则返回 0,若出错,则返回一个非 0 的值。

【课堂案例 8-6】 通过键盘输入一个 3 行的字符串,并将其输入 E:\stu.txt 中。

```
#include<stdio.h>
int main()
{
    FILE * f;
    char s[3][20];
    int i;
    f=fopen("E:\\stu.txt","w+");
                    //w+表示,如果不存在该文件,则新建一个文件;否则删除重新建立该文件
    if(f==NULL)
    printf("未找到该文件!\n");
    printf("请输入一个字符串:\n");
    for(i=0;i<3;i++)
    {
        gets(s[i]);
        fputs(s[i],f);                    //将字符串信息写入 stu.txt 文件中
        fputs("\n",f);                    //在字符串的末尾添加一个换行符,以便区分
    }
    //思考:如何读取 stu.txt 文件中的内容存入字符串中,并在屏幕上输出
```

```
    fclose(f);
    return 0;
}
```


fgets()函数原型：char *fgets(char * buffer,int n,FILE *fp)；

该函数的功能是从 fp 文件指针指向的文件以字符串形式取出内容，串的长度为 n－1（字符串有 n 字符，最后一个为'\0'），存入以字符类型指针变量 buffer 所指向的地址空间中（buffer 中的值为起始地址），并把 buffer 指向的起始空间地址返回，若读取错误或出错，则返回 NULL。

【课堂案例 8-7】 在课堂案例 8-6 的文件内容基础上，将 E:\stu.txt 文件中的数据读取出来，存放到一个字符串中，并将该字符串信息输出显示出来。

```
#include<stdio.h>
int main()
{
    FILE *f;
    char s[3][20];
    int i=0;
    f=fopen("E:\\stu.txt","r+");      //用 w+表示，如果存在，则删除重新建立该文件，导
//致原来的文件内容被删除，所以改成 r+，当存在文件时直接进行操作
    if(f==NULL)
    printf("未找到该文件!\n");
while(fgets(s[i],20,f)!=NULL)         //将 stu.txt 文件中的内容以字符串的形式读取，
//每个串的长度最长为 20(含\n)
    {printf("%s",s[i]);               //不用加\n，因为文件中每一行的末尾包含\n
     i++;
    }
    fclose(f);
    return 0;
}
```

思考：对文件中的数据内容进行读取，是否可以使用一个字符串来接收？

```
#include<stdio.h>
#include<string.h>
int main()
{
    FILE *f;
    char s[200];
    char ss[1000];
    int i=0;
    f=fopen("E:\\stu.txt","r+");       //w+表示，如果不存在该文件，则新建一个文件；若
//存在，则删除重新建立该文件
    if(f==NULL)
    printf("未找到该文件!\n");
    while(fgets(s,200,f)!=NULL)        //将 stu.txt 文件中的内容以字符串的形式读取
//每个串的长度最长为 200(含\n)
```

```
    {
      strcat(ss,s);                       //将读取到的每一行字符串存入一个字符串中
      i++;
    }
    printf("%s",ss);
    fclose(f);
    return 0;
}
```

fscanf()函数原型为"int fscanf(FILE * fp,char format,args,…);",args 表示输入表列。

该函数的功能是从 fp 指针变量所指向的文件中读取字符,按照格式控制对应的方式存入对应的输入表列变量中。若存入成功,则返回输入数据的个数,否则返回 0。fscanf()函数是按照 ASCII 码的方式进行输入的。

fprintf()函数原型为"int fprintf(FILE * fp,char * format,args…);",args 表示输出表列。

该函数的功能是将 args 输出表列的值以 format 指针变量指向的格式控制字符串所指定的格式进行输出,输出到 fp 所指定的文件中,若输出成功,则返回实际输出的字符数,否则返回 0。fprintf()函数是按照 ASCII 码的方式进行输出的。

fscanf()、fprintf()与 scanf()、printf()函数的区别是:操作对象不同,前者是文件的输入和输出,后者是终端的输入和输出。

【课堂案例 8-8】 利用 fscanf()函数将 E:\studata.txt 文件中的数据读取出来,并显示在屏幕上。

studata.txt 文件中的信息如下:

学号　姓名　成绩
2201　张琪　87.5
2202　李言　88
2203　王强　90.5

要求:定义一个结构体类型 stu,包含学号、姓名、成绩 3 项信息,将文件中的信息利用 stu 类型的变量存储,并将信息输出显示出来。

```
#include<stdio.h>
typedef struct
{
    char sno[20];
    char sname[20];
    float score;
}stu;
int main()
{
    FILE * f;
    int i;
    float t;
    char s1[10],s2[10],s3[10];
```

```
    stu stus[3];
    char s[50];

    f=fopen("E:\\studata.txt","r+");      //以文件格式打开,可读写内容
    if(f==NULL)
    printf("文件不存在!");
    printf("文件中的内容如下:\n");
    fscanf(f,"%s%s%s",s1,s2,s3) ;          //读出学生信息中的标题信息
    printf("%s\t%s\t%s\n",s1,s2,s3);
        for(i=0;i<3;i++)
    {
        //读取文件中的数据信息,并存放到学生类型的变量中
        fscanf(f,"%s%s%f",stus[i].sno,stus[i].sname,&stus[i].score) ;
    }
    //输出学生变量信息
    for(i=0;i<3;i++)
    printf("%s\t%s\t%.2f\n",stus[i].sno,stus[i].sname,stus[i].score);
    fclose(f);
    return 0;
}
```

思考：如果要将以上数据信息通过键盘输入 studata.txt 文件中,如何使用 fprintf()函数实现?

```
#include<stdio.h>
typedef struct
{
    char sno[20];
    char sname[20];
    float score;
}stu;
int main()
{
    FILE * f;
    int i;
    stu stus[3];
    char s[50]="学号    姓名    成绩\n";
    f=fopen("E:\\studata.txt","r+");        //以文件格式打开,可读写内容
    if(f==NULL)
    printf("文件不存在!");
      fprintf(f,"%s",s);                    //写入标题信息
    printf("文件中的数据信息如下:\n学号    姓名    成绩\n");
    for(i=0;i<3;i++)
    {
    scanf("%s%s%f",stus[i].sno,stus[i].sname,&stus[i].score) ;
                                            //通过键盘输入相应的数据信息
    fprintf(f,"%s\t%s\t%.2f\n",stus[i].sno,stus[i].sname,stus[i].score) ;
                                            //将学生信息写入文件中
    }
```

```
    fclose(f);
    return 0;
}
```

rewind()函数原型：void rewind(FILE * fp)；

该函数的功能是将 fp 指示的文件位置移动到文件起始位置，重新定位到文件开头，并清除文件的结束标志（EOF）和错误标志。

【课堂案例 8-9】 综合课堂案例 8-7 和课堂案例 8-8，将学生信息通过键盘输入 studata.txt 文件中，同时将文件中的信息读取并输出出来，验证是否正常将数据输入成功。

【解题思路】

（1）利用 fprintf()函数将数据输入 studata.txt 中。

（2）利用 rewind()函数将文件位置标记定位到文件开头。

（3）利用 fscanf()函数将数据文件中的数据读取出来，并输出显示。

```
#include<stdio.h>
typedef struct
{
    char sno[20];
    char sname[20];
    float score;
}stu;
int main()
{
    FILE * f;
    int i;
    char s1[20],s2[20],s3[20];
    stu stus[3];
    char s[50]="学号      姓名      成绩\n";
    f=fopen("E:\\studata.txt","r+");              //以文件格式打开,可读写内容
    if(f==NULL)
    printf("文件不存在!");
        fprintf(f,"%s",s);                        //写入标题信息
    printf("文件中的数据信息如下:\n 学号      姓名      成绩\n");
    for(i=0;i<3;i++)
    {
    scanf("%s%s%f",stus[i].sno,stus[i].sname,&stus[i].score) ;
                                                  //通过键盘输入相应的数据信息
    fprintf(f,"%s\t%s\t%.2f\n",stus[i].sno,stus[i].sname,stus[i].score) ;
                                                  //将学生信息写入文件中

    }
    //读取文件中的内容
    rewind(f);                                    //将 f 指向的位置重新定位到文件的开头
        printf("文件中的内容如下:\n");
    fscanf(f,"%s%s%s",s1,s2,s3) ;                 //读出学生信息中的标题信息
    printf("%s\t%s\t%s\n",s1,s2,s3);
    for(i=0;i<3;i++)
    {
```

```
        //读取文件中的数据信息,并存放到学生类型的变量中
        fscanf(f,"%s%s%f",stus[i].sno,stus[i].sname,&stus[i].score);
    }
    //输出学生变量信息
    for(i=0;i<3;i++)
    printf("%s\t%s\t%.2f\n",stus[i].sno,stus[i].sname,stus[i].score);

    return 0;
}
```

通过学习,fgetc()、fputc()、fgets()、fputs()函数都用于顺序读写数据文件中的内容,而fscanf()与fprintf()函数是用格式化的方式进行文本文件的读写,与scanf()和printf()函数的使用方法类似,易于理解,但是输入时需要将ASCII码转换成二进制存储在内存变量中,输出时还要将内存中的二进制形式转换成字符,需要耗费时间。所以,如果涉及内存与磁盘进行频繁交换数据的情况,可以采用另一种方法:fread()函数与fwrite()函数。fread()函数与fwrite()函数用于二进制文件的输入和输出。

fread()函数原型:int fread(char *pt,unsigned size,unsigned n,FILE *fp);

该函数的功能是:从文件中读取一个数据块,即从fp所指定的文件中读取长度为size的字节数,每次读取n个数据项,并存储到pt所指向的内存区(pt为数据存储区起始的地址);一般数据项表示某个数组的内容或一个结构体变量的值,读取二进制文件时,直接将数据原封不动地移动到内存,不用转换。返回值为读取的数据项个数,当文件结束或遇到错误时,值为0。

fwrite()函数原型:int fwrite(char *ptr, unsigned size, unsigned n , FILE *fp);

该函数的功能是将ptr所指向的内存区中的数据写入fp所指向的文件中,其中每次写入n个数据项,每项的长度为size;返回值为写入的数据项的个数。

【课堂案例8-10】 以课堂案例8-8中的学生信息为例,利用fwrite()函数和fread()函数输入信息到对应的文件中,同时读取文件中的内容。

```
#include<stdio.h>
typedef struct
{
    char sno[20];
    char sname[20];
    float score;
}stu;
int main()
{

    stu ss[20],ss1[20];
    FILE *f;
    int i=0;
    int flag;
    f=fopen("E:\\studata.dat","wb+");
                    //打开二进制文件,如果没有,则新建一个空文件,再以二进制形式进行写入
    printf("请输入5个学生的信息:\n");
```

```
    for(i=0;i<5;i++)
    {
    scanf("%s%s%f",ss[i].sno,ss[i].sname,&ss[i].score);
    if(fwrite(&ss[i],sizeof(stu),1,f)!=1)
    printf("写入错误!");          //利用 fwrite()函数将信息写入,每次写入一个学生数据项
    }
    //读取数据
    i=0;
    rewind(f);                    //将文件位置标记重新定位到开始位置
    while(fread(&ss1[i],sizeof(stu),1,f)==1)
    {
        //输出 s 所指向的区域中的内容
        printf("%s,%s,%.2f\n",ss1[i].sno,ss1[i].sname,ss1[i].score);
        i++;
    }
    fclose(f);
return 0;
}
```

fseek()函数原型：int fseek(FILE * fp,long offset,int base);

该函数的功能是将 fp 指针变量指向的文件位置以 base 所给出的位置开始，以 offset 作为移动量(单位为字节)进行移动，该函数的返回值为移动后的当前位置，执行失败/错误，则不改变指针位置，输出−1。其中，base 取 3 个值，分别是 0(SEEK_SET，文件开头)、1(SEEK_CUR，文件当前位置)和 2(SEEK_END，文件结尾)。例如，在"学生选课系统"的文件操作中，在 openfile_cou()课程打开函数中，语句 fseek(fp_stu,0,2);表示将文件位置标记移到文件尾，方便后面追加数据。在课堂案例 8-9 的基础上进行修改，在源文件的基础上追加两条记录，追加完毕后定位到文件开始位置，读取所有的文件内容并输出显示。

【注意】 如果要在中间进行数据信息的追加，则会覆盖后面的数据。

任务实现

通过键盘输入 5 个学生的信息(学生信息包含学号、姓名、性别 3 项信息)，将这些信息存储在 d:\c 程序文件夹下的 stu.txt 文本文件中，并利用 fscanf()函数将 stu.txt 文件中的信息读出来，输出读出的数据结果。

【分析】 学生信息使用结构体类型，通过指针与链表完成学生信息的存储。利用 fopen()函数新建文件，并利用 fprintf()函数将信息存储到文本文件 stu.txt 中，通过 fprintf()函数将信息从 stu.txt 中读取出来。

代码如下：

```
#include<stdio.h>
#include<stdlib.h>
#define N 4
typedef struct student
{
```

```
    char no[10];
    char name[10];
    char c[3];
    struct student * next;

} Student;
int main()
{
    Student * p, * head, * plist;
    FILE * fp;
    int i = 1;
    while (i<=N)
    {
    p=(Student *)malloc(sizeof(Student));
    printf("请输入第%2d个学生的基本信息:\n%s\t%s\t%s\n",i,"学号","姓名","性别");
    scanf("%s",p->no);
    scanf("%s",p->name);
    scanf("%s",p->c);
    if (1==i)
        head=p;
    else
        plist->next=p;
        plist=p;
        i++;
    }
    plist->next=NULL;
    //先输出所有的学生信息,检测数据是否正常展示
    printf("%-10s\t%7s\t%3s\n","学号","姓名","性别");
    for(plist=head;plist!=NULL;)
    {
        printf("%-10s\t%7s\t%3s\n",plist->no,plist->name,plist->c);

        plist=plist->next;
    }
    printf("恭喜,输出完成\n");
    fp=fopen("stu.txt","w+");  //文件路径,若不存在文件则新建一个,默认存放到根目录
    fprintf(fp,"%-10s\t%7s\t%3s\n","学号","姓名","性别");  //内容标题
    if(fp!=NULL)
    {
        //将数据信息存储到该文件上
        for(p=head;p!=NULL;)
        {
            fprintf(fp,"%-10s\t%7s\t%3s\n",p->no,p->name,p->c);
                                        //使用 fprintf()函数将信息输出到 fp 所指向的文件中
            p=p->next;
        }
        printf("恭喜,写入文件完成,程序运行完成!\n");
    }
    else
```

```
    printf("不存在该文件!");
    fclose(fp);                                    //关闭文本文件
}
```

运行结果：

```
请输入第 1 个学生的基本信息:
学号      姓名      性别
01        张三      男
请输入第 2 个学生的基本信息:
学号      姓名      性别
02        李莉      女
请输入第 3 个学生的基本信息:
学号      姓名      性别
03        王立      男
请输入第 4 个学生的基本信息:
学号      姓名      性别
04        赵仟      男
学号                  姓名 性别
01                    张三   男
02                    李莉   女
03                    王立   男
04                    赵仟   男
恭喜,输出完成
恭喜,写入文件完成,程序运行完成!(经过验证,在程序的根目录新建了一个 stu.txt)
```

【分析】 本程序创建了一个学生信息链表，将链表中的学生信息逐个输入程序根目录相应的文件 stu.txt 中，并在该文件最上方加入标题，存储成数据表的行列样式，以便于查看。

思考：将上例中 stu.txt 文本文件中的信息利用 fscanf()函数读出，并显示到屏幕上。

【分析】 因为第一行包含内容的标题(学号、姓名和性别)，所以先读取第一行，再读取里面的学生信息(结构体类型)，按行读出，并展示在屏幕上。

参考文献

[1] 谭浩强. C程序设计[M]. 5版. 北京：清华大学出版社，2017.

[2] 谭浩强. C程序设计(第五版)学习辅导[M]. 北京：清华大学出版社，2017.

[3] 明日科技. C语言从入门到精通[M]. 4版. 北京：清华大学出版社，2019.

[4] REEK K A. C和指针[M]. 徐波，译. 北京：人民邮电出版社，2020.